继电保护
典型事故事件实例分析

主　编　陈泗贞

中国水利水电出版社
www.waterpub.com.cn
·北京·

内 容 提 要

继电保护装置（包括安全自动装置）是电力系统密不可分的一部分，是保障电力设备安全和防止、限制电力系统大面积停电的最基本、最重要、最有效的技术手段。消灭和减少继电保护的不正确动作是一项长期而艰巨的任务，除了认真执行规程和反措外，学习已有事故的处理方法和分析思路是非常有效的途径。"前事不忘，后事之师"，作者结合丰富的现场实际案例编著本书供广大同行参考。

本书主要内容包括变压器保护跳闸，110kV 及以上线路保护跳闸，母差保护及断路器失灵保护跳闸，接地变保护跳闸、10kV 线路保护跳闸、安全自动装置跳闸等各类型保护不正确动作的典型案例分析。

本书的特点是对于很多实际案例不但给出分析结论，还描述了故障查找的方法和过程，充分兼顾了理论和实践两方面的知识技能。非常适合从事现场继电保护专业工作的工程技术人员阅读。

图书在版编目（CIP）数据

继电保护典型事故事件实例分析 / 陈泗贞主编. --
北京：中国水利水电出版社，2019.4
ISBN 978-7-5170-7610-0

Ⅰ．①继… Ⅱ．①陈… Ⅲ．①电力系统－继电保护－
事故－案例 Ⅳ．①TM77

中国版本图书馆CIP数据核字（2019）第071644号

书 名	继电保护典型事故事件实例分析 JIDIAN BAOHU DIANXING SHIGU SHIJIAN SHILI FENXI
作 者	陈泗贞 主编
出版发行	中国水利水电出版社 （北京市海淀区玉渊潭南路 1 号 D 座　100038） 网址：www. waterpub. com. cn E - mail：sales@waterpub. com. cn 电话：（010）68367658（营销中心）
经 售	北京科水图书销售中心（零售） 电话：（010）88383994、63202643、68545874 全国各地新华书店和相关出版物销售网点
排 版	中国水利水电出版社微机排版中心
印 刷	清淞永业（天津）印刷有限公司
规 格	184mm×260mm　16 开本　12.5 印张　296 千字
版 次	2019 年 4 月第 1 版　2019 年 4 月第 1 次印刷
印 数	0001—2000 册
定 价	**50.00 元**

编 委 会

主　编　陈泗贞

参　编　（按姓氏笔画排序）

邓效荣　卢迪勇　刘乃齐　何培乐　胡　军

莫浪娇　徐文辉　梁竞雷　梁海华　曾　睿

曾子县　黎柏枝　魏宝香

前　言

　　电力给人类经济社会发展带来了巨大的动力和效益，现代生产和生活对于电力的依赖使得大型电力系统一旦发生故障而造成大面积停电，其后果是极具灾难性的。因此，自从出现电力系统以来，如何保证其安全稳定运行，就成为一个永恒的主题。大量的电力工作者正围绕着这个主题千方百计地采取各种技术手段和管理措施，防止大面积停电事故的发生。

　　被誉为电力系统"安全哨兵"的继电保护装置（包括安全自动装置），一年 365 天，每天 24 小时"放哨"，是保证电力系统安全、稳定运行的"钢铁长城"。然而，这也是一柄双刃剑，继电保护一旦发生不正确动作，往往会成为诱发电网事故的起因和扩大电网事故的"祸首"。国内外历次重大系统瓦解和大面积停电事故中基本都能找到继电保护不正确动作的影子。可以说，作为电力系统的"哨兵"和安全屏障，继电保护装置一直追随着电网技术的发展而进步。尤其是自 20 世纪 80 年代以来，随着计算机应用的普及和深入，继电保护技术从理论到装置制造都实现了飞跃。进入 21 世纪，以网络和光纤通信为代表的智能化技术更为继电保护这一传统专业注入了新的活力，使之适应将来以特高压为主构架的现代电网的新要求。但是，不管过去、现在还是将来，100% 的继电保护动作正确率，永远是继电保护专业人员追求的目标。

　　继电保护正确动作率除了受装置本身的工作原理和工艺质量等因素外，还取决于设计、安装、调试和运行维护人员的技术水平和职业素养。根据最新数据统计，目前每年全国继电保护大概还有不到 2% 的不正确动作，这成为威胁电网安全稳定运行的隐患。一些继电保护的反事故措施已经颁布实施了十几年，但事故仍不断重复发生。消灭和减少继电保护的不正确动作是一项长期而艰巨的任务，还需要继电保护专业的广大从业人员不懈努力。

　　"前事不忘，后事之师"，本书主要内容包括变压器保护跳闸，110kV 及以上线路保护跳闸，母差保护及断路器失灵保护跳闸、接地变保护跳闸、10kV 线路保护跳闸、安全自动装置跳闸等各类型保护不正确动作的典型案例分析。为了使教训不再重复，使经验

相互借鉴，作者结合现场实际案例编著本书供广大同行参考。本书的特点是对于很多实际案例不但给出分析结论，还描述了故障查找的方法和过程，充分兼顾了理论和实践两方面的知识技能。非常适合从事现场继电保护专业工作的工程技术人员阅读。

由于编者水平有限，书中错误和不妥之处在所难免，恳请读者批评指正，联系邮箱 13602333616@139.com。

作者
2019 年 3 月 于广东

目录

第 1 章

变压器保护跳闸

1.1 10kV 线路隔离开关设备故障引起主变跳闸

1.1.1 故障前运行方式

某 110kV 变电站，110kV 甲线、110kV 乙线运行供全站负荷，10kV 母线分列运行，T_1 带 I 段 10kV 开关柜运行，T_2 带 II 段 10kV 开关柜运行。10kV F_1、F_2 馈线挂 10kV I 段母线运行。一次接线图见图 1-1。

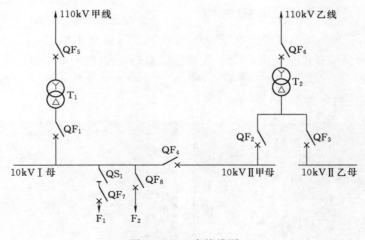

图 1-1 一次接线图

1.1.2 故障概况

某 110kV 变电站 10kV I 段母线是×××型开关柜，1997 年投入系统运行，2010 年 9 月 6 日 2 时 40 分，10kV I 段母线 F_1 开关柜母线侧 QS_1 隔离开关三相短路故障导致保护动作，10kV I 段母线失压。

1.1.3 断路器跳闸和继电保护动作情况

T_1 低压侧后备 I 段复压过流保护动作，A、B、C 相故障，故障电流 $I_c = 35.69A$，动作时间为 2010 年 9 月 6 日 2 时 40 分 55 秒 78 毫秒；II 段复压过流保护动作，A、B、

C 相故障，故障电流 $I_c = 35.69A$，动作时间为 2010 年 9 月 6 日 2 时 40 分 55 秒 378 毫秒。

T_1 高压侧后备复合电压闭锁长时间动作告警，故障电压 $U_{ab} = 0.02V$，TV 断线告警。

1.1.4 设备损坏情况

2010 年 9 月 6 日 2 时 45 分，某 110kV 变电站 10kV Ⅰ段母线 QS_1 隔离开关故障，导致 10kV Ⅰ段母线失压；3 时 30 分，检修人员到达现场，对事故现场进行了全面检查，发现 10kV Ⅰ段母线 QS_1 隔离开关三相动触头靠瓷瓶侧已经高温熔化，靠动触头侧的三相支持瓷瓶因接地及三相短路电动力已经完全破裂，由于设备经电弧高温燃烧后损坏严重，导致 QS_1 隔离开关不能修复（图 1-2）。同时，因电弧高温燃烧，使相邻间隔 QF_7 开关柜上方母线 C 相 2 个支持瓷瓶有轻度电弧熏黑，开关柜上部 QS_1 隔离开关四周严重熏黑，QF_7

图 1-2　靠母线侧 QS_1 隔离开关损坏图片

断路器正常，QF_7 开关柜上部的继电器受电弧灼伤熏黑破损不能继续使用，QF_8 开关柜靠 QF_7 开关柜侧顶部有轻微烧黑，QF_8 开关柜靠 QF_7 开关柜的 2 个继电器外壳有轻微烧黑，但功能正常（图 1-3），QF_7 开关柜对面的两个开关柜柜体表面有轻微变色，但两个柜体所有设备均正常，无损伤（图 1-4）。

图 1-3　QF_7 开关柜及右侧 QF_8 开关柜整体情况

图 1-4　QF_7 开关柜对侧两个开关柜情况

1.1.5 事故处理情况

1.1.5.1 一次方面

针对某 110kV 变电站 10kV Ⅰ段母线失压的事故，3 时 30 分，检修人员到达现场，对事故现场进行了全面检查。根据事故现场设备的损坏情况，现场抢修小组临时进行了综合分析。为保证 10kV Ⅰ段母线设备能以最快速度投入系统运行，在故障损坏严重的设备已经不能完全修复的情况下，决定把 F_1 开关柜退出运行，与系统隔离，将 F_1 的电缆出线转由备用线供电。因此，现场检修人员根据现场抢修小组临时决定，拆除故障损坏严重的 QS_1 隔离开关，同时更换 QF_7 开关柜上方两侧 10kV 母线 C 相 2 个支持瓷瓶，清理干净 QF_7 开关柜内部及柜体，检查并清理 QF_8 开关柜，将 QF_7 间隔电缆接入 QF_8 间隔，对 10kV Ⅰ 段母线桥进行全面检查。为确保设备能安全投入系统运行，在投运前对 10kV Ⅰ 段母线进行绝缘试验，确保Ⅰ段母线绝缘合格。

1.1.5.2　二次方面

故障点发生在 10kV Ⅰ 段 F_1 开关柜顶部母线，故障时导致 F_2、F_1 开关柜上的继电器被熏黑，分别对 F_2、F_1 断路器保护进行详细检查。

（1）对 F_2 保护进行清理，并根据定值单进行过流速切保护的定值校验，整组传动试验、各保护、断路器、信号均动作正确。

（2）由于 F_1 断路器上的隔离开关损坏较严重，经上级领导研究决定，拆除 F_1 断路器上的隔离开关，负荷转移至其他开关柜供电，暂不对 F_1 开关柜恢复送电。

5 时 27 分抢修工作结束，6 时 12 分将 10kV Ⅰ 段母线投入运行。从设备的故障发生到设备的修复送电共用时 4 小时 32 分。

1.1.6　事故原因初步分析

1.1.6.1　一次方面

（1）10kV Ⅰ 段母线 QS_1 隔离开关故障发生后，保护动作正确，由于 QS_1 隔离开关三相经电弧高温燃烧后已经严重损坏，动触头三相靠支持瓷瓶侧完全高温熔化，故障发生的起点判断较为困难。经分析，因 10kV F_1 故障前后出线电缆没有发生故障及异常，因此初步判断导致设备故障的主要原因是 QS_1 隔离开关 A 相动触头侧存在严重发热，设备导体的高温发热使动触头支持绝缘瓷瓶的绝缘受到破坏，当负荷较轻时，电压较高，引起隔离开关 A 相瓷瓶绝缘击穿对地短路，进而导致三相短路。

（2）10kV Ⅰ 段母线是×××型开关柜，QS_1 是常规型隔离开关，1997 年投入系统运行，设备运行时间已经达到 13 年，并且属于设备技术反措范围，导致设备故障的次要原因是设备老化、技术不满足系统运行的要求。

1.1.6.2　二次方面

现场检查发现 10kV Ⅰ 段母线 F_1 间隔的母线隔离开关顶部（母线处）有短路烧损痕迹，初步判断为 10kV Ⅰ 段母线在 F_1 间隔处三相短路，导致 T_1 低压侧低后备过流保护Ⅰ段、Ⅱ段动作，跳开 QF_1 断路器，切除故障点。由于Ⅰ段母线在 F_1 间隔处三相短路，产生 35.69A 的二次电流，即 21414A 的一次短路电流，根据定值单，其复压闭锁过流保护Ⅰ段、Ⅱ段的定值都为 3480A，Ⅰ段保护经 1s 跳 10kV 母联断路器，Ⅱ段保护经 1.3s 跳变压器低压侧，按现场情况分析，复压闭锁过流保护Ⅰ段、Ⅱ段保护都动作，在 1.3s 时跳开主变低压侧 QF_1 断路器，最终令 10kV Ⅰ 段母线失压，保护动作正确。

1.1.7　事故预控措施

（1）加快 10kV 线路运行中常规型开关柜的技术改造。

（2）变电站运行人员应加强设备巡视检查，特别是当负荷发生变化或在迎峰度夏阶段必须加强设备的红外线测温工作，以便及时发现设备的重大安全隐患。

（3）变电检修班组对本班管辖的变电站的 10kV 运行中常规型开关柜进行综合评估，每年在迎峰度夏前进行一次专项巡视检查，并结合设备停电或专项申请停电对设备进行停电维护检查。

（4）试验研究所必须根据设备运行状况进行综合分析，加强设备的在线监测，并根据在线监测情况向设备运行部门提出相关预控措施。

1.2 变压器低压侧隔离手车发生三相接地故障引起主变跳闸

1.2.1 故障前运行方式

某 220kV 变电站，T_1、T_2、T_3 分列运行。T_2 低压侧 QF_2 断路器带 10kV Ⅱ甲段母线，T_2 低压侧 QF_3 断路器带 10kV Ⅱ乙段母线运行，10kV 母联断路器 QF_5、QF_6 热备用；QF_5、QF_6 备自投处于充电状态。一次接线见图 1-5。

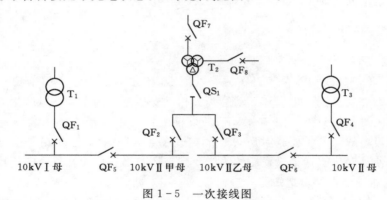

图 1-5 一次接线图

1.2.2 故障概况

2012 年 7 月 23 日 13 时 57 分 46 秒，某 220kV 变电站 T_2 差动保护动作，跳开 T_2 三侧断路器，备自投动作合上 QF_5 断路器。

T_2 主Ⅰ差动保护动作是由于 QS_1 隔离开关 C 相上触头故障造成隔离开关三相接地。故障前 QS_1 隔离手车运行电流约为 1870A，三相故障电流分别为：A 相约为 13000A，B 相约为 15000A，C 相约为 13000A。

1.2.2.1 故障设备信息

故障设备信息表见表 1-1。

表 1-1　　　　　　　　　故 障 设 备 信 息 表

变电站名称	某 220kV 变电站	设备名称	QS_1 隔离手车
设备安装位置	10kV 高压室	出厂日期	2007 年 6 月
投产日期	2007 年 12 月 23 日	额定电流	4000A

1.2.2.2 故障前后的试验情况

（1）对 T_2 取油样进行油色谱分析试验检查，将测试数据与当年 4 月 12 日数据相比，其总烃及氢气含量无明显变化，也无乙炔产生。

（2）对 T_2 本体进行中压侧、低压侧绕组变形测试，绕组变形图谱相似程度较好，未发现明显异常。

（3）对 T_2 本体进行高压绕组对地、中压绕组对地和低压绕组对地的绝缘电阻测试，试验数据和上次试验数据比较无明显差异。

（4）对 T_2 低压侧母线桥进行绝缘电阻测量和耐压试验，均无异常。

（5）对 T_2 低压侧 QS_1 隔离手车（新的备用隔离手车）和 T_2 10kV 电抗器至 QS_1 隔离开关之间母线进行绝缘电阻测量和耐压试验，试验合格。

（6）故障跳闸后的 T_2 试验合格，可投入运行；修复后的 QS_1 隔离开关柜间隔设备试验合格，可投入运行。

1.2.3 设备故障经过及保护动作分析

1.2.3.1 保护动作概况

（1）T_2 保护装置。2012 年 7 月 23 日 13 时 57 分 46 秒 761 毫秒，T_2 主 I、主 II 保护工频变化量差动保护动作，保护出口时间 19ms；同时，比率差动保护动作，保护出口时间 20ms，A 相差动电流为 $2.75I_e$，B 相差动电流为 $2.77I_e$，C 相差动电流为 $2.78I_e$。主 II 保护未有保护动作信息。

（2）QF_5、QF_6 备自投（一套装置）。2012 年 7 月 23 日 13 时 57 分 46 秒 988 毫秒，备自投正确动作合上 QF_5 断路器。

1.2.3.2 保护基本配置情况

涉及的保护基本配置表见表 1-2。

表 1-2 　　　　　　　　　　　　　保 护 基 本 配 置 表

间　隔	相关定值整定
T_2 保护（主 I，主 II）	差动保护整定值为 $0.5I_e$，跳各侧断路器；差动速断保护整定值为 $5I_e$，跳各侧断路器
QF_5、QF_6 备自投	0.2s 延时合母联断路器

1.2.3.3 后台报警信息

监控后台报警信息表见表 1-3。

表 1-3 　　　　　　　　　　　　　监 控 后 台 报 警 信 息 表

时　　间	报 警 信 息
2012 年 7 月 23 日 13 时 57 分 49 秒 760 毫秒	10kV II 甲段母线接地信号
2012 年 7 月 23 日 13 时 57 分 49 秒 761 毫秒	10kV II 乙段母线接地信号
2012 年 7 月 23 日 13 时 57 分 49 秒 767 毫秒	10kV II 甲段母线接地信号（主变保护发）
2012 年 7 月 23 日 13 时 57 分 49 秒 774 毫秒	QF_2 断路器遥信变位分闸

时　　间	报 警 信 息
2012 年 7 月 23 日 13 时 57 分 49 秒 776 毫秒	T_2 保护动作
2012 年 7 月 23 日 13 时 57 分 49 秒 777 毫秒	QF_7 断路器遥信变位分闸
2012 年 7 月 23 日 13 时 57 分 54 秒 537 毫秒	QF_3 断路器遥信变位分闸
2012 年 7 月 23 日 13 时 57 分 54 秒 540 毫秒	10kV 备自投装置动作
2012 年 7 月 23 日 13 时 57 分 54 秒 545 毫秒	QF_8 断路器遥信变位分闸

1.2.3.4　T_2 保护动作原理及初步分析

继保人员现场对 T_2 保护、10kV 备自投装置、专用录波装置、10kV 开关柜进行了全面查看，对保护动作信息进行了初步分析，并在现场发现 QS_1 隔离手车 C 相接地后三相短路。

（1）从故障录波图分析，2012 年 7 月 23 日 13 时 57 分 45 秒 432 毫秒，10kV Ⅱ 段母线先发生 C 相接地，后发展成三相接地。

（2）从 T_2 差动保护接线方式来分析，由于变压器主 Ⅰ、主 Ⅱ 保护低压侧差动组均取自分支断路器 TA，装置判断为区内故障，检测到 A 相差动电流为 $2.75I_e$、B 相差动电流为 $2.77I_e$、C 相差动电流为 $2.78I_e$ 后，19ms 工频变化量差动动作跳开主变高压侧 QF_7，中压侧 QF_8，低压侧 QF_3、QF_2，故障在持续 1562ms 后消除。此时故障完全隔离。

（3）QF_2 断路器跳开后，QF_5 备自投装置检测到 10kV Ⅱ甲段母线无流无压启动备自投逻辑，经延时 0.2s 合上 QF_5 断路器，备自投动作正确。

1.2.4　故障后检查及分析

1.2.4.1　初步检查

设备停电转检修状态后首先对 T_2 及主变三侧设备进行外观检查，除了 10kV QS_1 隔离手车柜体表面有被弧光轻微熏黑的痕迹外，其他设备均正常。根据继保专业提供的数据及初步分析结果，将设备故障点锁定在 T_2 低压侧 10kV 侧设备，特别检查了 QS_1 隔离手车柜。在 10kV QF_2 断路器、QF_3 断路器手车及 QS_1 隔离手车拉至检修位置后，检修人员逐一对隔离手车、断路器手车及其柜体进行检查，除 QS_1 隔离手车及其开关柜有损坏外，其他 10kV 设备正常。

1.2.4.2　QS_1 隔离手车及其开关柜检查

1. QS_1 隔离手车开关柜检查结果

（1）C 相静触头被熏黑并有高温融化的痕迹（图 1-6）。

（2）C 相上静触头绝缘筒上壁有被高温灼伤造成碳化的痕迹（图 1-7）。

（3）C 相上梅花触头因散架有半截留在开关柜内（图 1-8）。

（4）开关柜上活门挡板有被电弧烧伤痕迹及轻微变形（图 1-9）。

（5）手车外壳接地点有放电痕迹（图 1-10）。

（6）开关柜手车室被高温熏黑并有大量金属粉末（图 1-11）。

图 1-6　C 相上静触头

图 1-7　C 相上静触头绝缘筒

图 1-8　C 相上梅花触头因散架有半截留在开关柜内

图 1-9　变形的上活门挡板

图 1-10　手车与柜体接地片的放电痕迹

图 1-11　开关柜手车室

2. QS₁ 隔离手车检查结果

（1）C 相上梅花触头被烧毁，导电臂被烧伤（图 1-12）。

（2）C 相上梅花触头压紧弹簧有变形（图 1-13）。

（3）导电臂外绝缘筒有被高温熏黑的痕迹（图 1-14）。

（4）断路器三相上基座有短路放电痕迹（图 1-15）。

（5）手车面板有放电痕迹（图 1-16）。

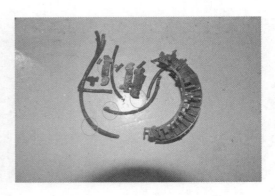

图 1-12 C 相上梅花触头被烧毁，导电臂被烧伤　　　　图 1-13 变形的压紧弹簧

图 1-15 三相基座短路放电

图 1-14 被熏黑的导电臂外绝缘筒　　　　　　　　　　图 1-16 手车面板放电

1.2.4.3　原因及分析

通过以上检查结果可以初步判断手车 C 相触头虽然烧毁但不是接地点，接地是断路器三相上基座相间短路并对手车前面板放电引起的，但是如图 1-17 所示，基座相间最少距离为 105mm，基座对面板最少距离为 160mm，大于 125mm 的要求（有绝缘外壳为大于 70mm），在正常情况下不会造成短路接地故障，只有在其周围绝缘强度下降的情况下才会引起短路。

从 QS₁ 隔离手车 C 相上触头的损坏情况来看，该触头故障产生的电弧造成高阻抗短路，电弧燃烧产生金属粉末，金属粉末随高温气流四散，造成开关柜内空气绝缘下降，引起三相基座相间短路并对小车前面板放电。

造成 C 相上触头故障产生电弧的原因有：①弹簧断裂；②小动物进入开关柜；③有物件脱落或工器具遗留在开关柜内；④系统过电压；⑤触头发热。

对以上问题逐一分析如下：

（1）弹簧断裂。在现场收集故障部件时，4 根压紧弹簧基本完好（图 1-18），断口均为高温熔断所致，所以可以基本排除由弹簧断裂造成 C 相上触头故障。

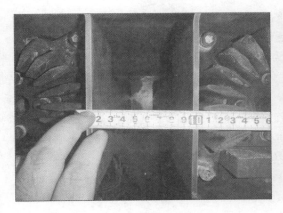

图 1-17　基座相间距离及基座对面板距离　　　　图 1-18　梅花触头弹簧

（2）小动物进入开关柜。在现场清理时没有发现动物尸体；检查开关柜整体密封性良好，能有效阻止小动物进入；高压室防小动物措施充足，未发现有能让小动物进入的通道，所以可以基本排除由小动物进入开关柜造成 C 相上触头故障。

（3）有物件脱落或工器具遗留在开关柜内。在现场检查时未发现开关柜有零部件脱落；现场也未发现有被电弧烧坏的工器具，所以可以基本排除有物件脱落或工器具遗留在开关柜内造成 C 相上触头故障。

（4）系统过电压。根据保护装置提供数据，在故障前未发现系统有过电压情况。所以可以基本排除系统过电压造成 C 相上触头故障。

（5）触头发热。在排除以上几点可能造成 C 相上触头故障的因素后，将分析重点放在触头发热这个因素上。

从外观上检查：①隔离手车动、静触头表面均比较干净，表面除了涂有类似凡士林的润滑脂外没有其他涂料；②经检查核实梅花触头压紧弹簧是使用非导磁材料制成的，不会产生涡流（图 1-19）；③从动、静触头发热金属熔断位置来看，触指插入深度应满足接触要求（图 1-20）。

图 1-19　压紧弹簧为非导磁材料　　　　图 1-20　触指发热烧熔

因此，可能造成 QS$_1$ 隔离手车 C 相上触头发热的原因有：①触头质量问题，固定触指的支架有轻微变形，使触指不能充分与静触头接触，造成点接触现象使整个触头接触面积减少；②弹簧有变形，使触指受力不均匀，造成接触压力下降；③开关柜散热设计存在问题（在工程验收时检修专业已向厂家提出该问题），通风排孔少导致运行时设备产生的热量无法及时排除，积聚在柜体内，加速设备绝缘老化、缩短使用寿命。以上原因不断恶性循环造成 QS_1 隔离手车 C 相上触头载流能力不断下降、温度不断升高，直到触头烧毁。

1.2.5　初步分析结论

QS_1 隔离手车 C 相上触头由于触头发热导致梅花触头故障产生电弧造成 C 相上触头高阻抗接地，由电弧燃烧触头产生的金属粉末造成开关柜内空气绝缘下降，引起三相基座相间短路并对小车前面板放电。所以隔离手车触头接触不良发热是造成这次事故的主要原因。

1.2.6　防范措施

针对故障的分析结果，提出以下措施：

（1）在隔离手车触头位置安装温度在线监测装置。传感器能实时监测设备关键部位温度，如果超过设定的上限温度，传感器便会发出信号，监测装置便会发出告警信号通知运行人员处理。

（2）在隔离手车触头位置安装示温蜡。在柜内未能通过红外测温检测且容易出现发热缺陷的位置安装示温蜡。即使示温蜡不能实时监测关键部位的运行温度，但运行维护人员可结合停电操作对示温蜡进行检查，如示温蜡脱落或者变色，则可以证明该部位有发热情况，进而及时处理。

（3）对手车柜散热系统进行改造。现在部分手车柜的设备缺乏通风散热排孔，导致高温空气汇集在柜体顶部无法排出，造成柜内温度升高。设备长时间在高温环境下运行寿命会缩短，并加速绝缘老化。建议尽快开展排查工作并进行评估，对散热能力差的手车柜，与厂家定制改造方案并进行反措，以提高设备自身散热能力。

（4）在迎峰度夏前完成对 10kV 开关柜专项负荷分析及技术评估工作。通过专业巡视、隐患排查、历史缺陷分析等手段，充分了解设备运行状况，对发现问题的设备马上进行处理。

（5）对 10kV 开关柜应逢停必维护，并对设备进行专项检查。

1.3　小动物引起主变跳闸

1.3.1　故障前运行方式

某 220kV 变电站，T_1 正常运行，其三侧断路器 QF_1、QF_2、QF_3 在正常运行状态；10kV Ⅰ 段母线正常带电运行；10kV F_1 馈线挂 10kV Ⅰ 段母线正常运行；10kV 分段断路器 QF_4 处于热备用状态；10kV 系统经小电阻接地，并正确投入。一次接线图见图 1 - 21。

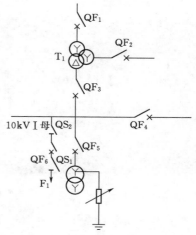

图 1 - 21　一次接线图

1.3.2 故障概况

2013 年 10 月 13 日 0 时 58 分 46 秒，某 220kV 变电站 10kV F_1 馈线 QF_6 断路器过流 Ⅱ 段保护跳闸，562ms 后 T_1 10kV 侧 QF_3 断路器过流 Ⅱ 段保护跳闸，造成 10kV Ⅰ 段母线失压。

1.3.3 设备情况

1.3.3.1 一次设备

一次设备情况表见表 1-4。

表 1-4   一 次 设 备 情 况 表

断路器名称	QF_6 断路器	出厂时间	2002 年 5 月
额定电流	1250A	额定电压	12kV
设备维护	2013 年 4 月 7—12 日，某 220kV 变电站 10kV Ⅰ 段母线改造，期间检修人员对开关柜进行了清洁及维护、测温窗加装、五防联锁更换，一次部分维护未发现异常		
备注	故障前负荷情况：10kV F_1 馈线空载运行，线路无负荷		

1.3.3.2 保护配置

保护配置表见表 1-5 和表 1-6。

表 1-5   保 护 配 置 表 1

保护名称	F_1 线路保护装置	出厂时间	2008 年 1 月 16 日
装置参数	DC110V	TA 变比	1000/1
相关保护定值整定	过流保护 Ⅱ 段整定值为 3A，整定时间为 0.2s		
设备维护	2011 年 4 月 25 日进行了保护定检，检验合格		

表 1-6   保 护 配 置 表 2

保护名称	T_1 保护装置	出厂时间	2009 年 2 月 25 日
装置参数	DC110V	TA 变比	T_1 低压侧 TA 变化：5000/1
相关保护定值整定	T_1 低压侧后备保护过流 Ⅱ 段整定值为 2A，整定时间为 0.5s		
设备维护	2013 年 3 月 18 日进行了保护定检，检验合格		

1.3.4 故障后现场检查情况

1.3.4.1 一次设备检查情况

1. 开关柜外观

在现场，检修人员首先检查开关柜整体外观情况，检查发现开关柜门未发生变形，门上玻璃完好。

2. 开关柜 TA 室

检查发现开关柜 TA 室已经全部熏黑，底部有瓷瓶碎片（图 1-22）。柜内 QS_1 隔离开关三相动触头已经全部发热变黑。柜内靠 C 相侧柜板有明显放电痕迹,柜体表面有多处放电点。

测量开关柜 C 相对柜体的距离约为 170mm,设备的安全距离满足要求(图 1-23)。

图 1-22 开关柜 TA 室

图 1-23 开关柜 C 相对柜体的距离图

检查开关柜下部 TA 室,发现 QS₁ 隔离开关 B 相、C 相瓷瓶部分破损(图 1-24)。

3. 开关柜电缆室

检查开关柜后方的电缆室,没发现设备异常,在电缆室通风孔处出被熏黑(图 1-25)。

图 1-24 开关柜下部 TA 室

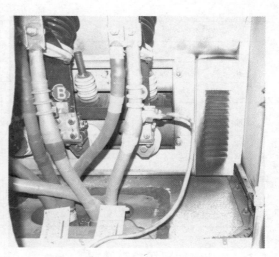

图 1-25 开关柜电缆室

4. 开关柜断路器室

(1)检查断路器室正面,断路器机构已被熏黑,但无明显损坏,断路器机构后封板已经脱落(图 1-26)。

(2)检查断路器室背面,发现断路器室已经熏黑,其中底部熏黑情况较为严重(图 1-27)。

| 图 1-26　开关柜断路器室 | 图 1-27　断路器室背面 |

（3）从背面可以看到，机构后封板的 6 颗固定螺丝已经烧熔，导致封板脱落（图 1-28）。在机构封板后发现 1 处明显放电痕迹，断路器 C 相真空泡上支架出现灼伤，开关柜靠 C 相侧有放电痕迹（图 1-29）。

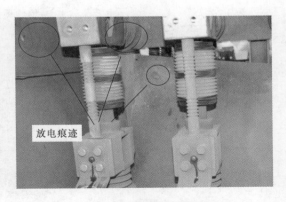

| 图 1-28　断路器室背面螺丝烧熔 | 图 1-29　断路器室背面放电痕迹 |

机构后封板脱落的主要原因是断路器室的绝缘下降后，断路器灭弧室上支架对机构封板放电，产生非常大的电流，放电电流通过 6 颗封板的 4mm 螺丝，使螺丝发热融化，同时在电场力及空气的冲击力作用下，使封板脱落。

5. 开关柜母线室

检查开关柜母线室，母线室状况良好，未发现异常情况（图 1-30）。

6. 现场检查

检查现场，发现疑似千足虫的尸体。

1.3.4.2　保护动作信息收集

$T_1$10kV 侧低后备保护动作信息见表 1-7 和图 1-31。

图 1-30　开关柜母线室

图 1-31　保护动作信息 1

表 1-7　　　　　　　　　　　　T_1 10kV 侧低后备保护动作信息

时　　间	动　作　情　况
2013 年 10 月 13 日 0 时 58 分 46 秒 887 毫秒	513 毫秒，T_1 低压侧过流Ⅱ段二时限保护动作，跳开 A、B、C 三相断路器

F_{27} 馈线保护动作信息见表 1-8 和图 1-32。

表 1-8　　　　　　　　　　　　F_{27} 馈线保护动作信息

时　　间	动　作　情　况
2013 年 10 月 13 日 0 时 58 分 46 秒 888 毫秒	整组启动
2013 年 10 月 13 日 0 时 58 分 46 秒 901 毫秒	接地故障判断动作，C 相发生接地故障，最大故障电流 $I_{max}=10.9A$
2013 年 10 月 13 日 0 时 58 分 47 秒 94 毫秒	过流Ⅱ段保护动作，A、C 相故障，最大故障电流 $I_{max}=18.45A$，折算为一次值 18450A
2013 年 10 月 13 日 0 时 58 分 48 秒 153 毫秒	重合闸动作

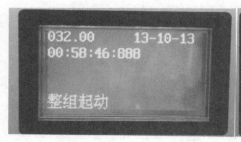

图 1-32　保护动作信息 2

1.3.4.3　保护定值、相关开入量、压板检查情况

1. 核查 T_1、F_1 保护定值正确、开入量正确

T_1 低压侧后备保护定值整定：过流Ⅱ段保护定值整定为 2.0A，第一时限 0.5s，跳 QF_4，闭锁 QF_4 备自投；过流Ⅱ段保护定值整定为 2.0A，第二时限 0.5s，跳 QF_3，闭锁 QF_4 备自投。

F_1 馈线 QF_6 断路器保护定值整定：过流 II 段保护定值整定为 3.0A，时间 0.2s，重合闸时间 1.0s。

2．压板检查

T_1 主 I、主 II 保护屏保护压板，跳闸出口压板在正确投入状态；F_1 馈线保护跳闸出口压板在正确投入状态。

3．回路检查

检查 T_1 保护装置和 F_1 保护装置对应的二次回路正常，没有发现异常。

1.3.4.4　故障录波检查情况

1．T_1 故障录波

由 T_1 故障录波（图 1-33）可以看到整个故障的发展过程：系统 C 相发生接地故障，46ms 后发展为三相短路故障，562ms 后 T_1 低压侧后备保护动作，切除故障。

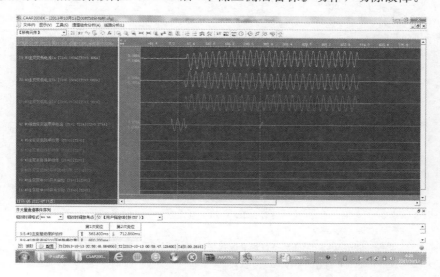

图 1-33　T_1 故障录波图

2．F_1 保护装置录波

F_1 保护装置检测到 A 相、C 相故障电流（B 相没有装 TA）（图 1-34），持续时间约 200ms，由过流 II 段保护动作切除故障。

1.3.5　故障原因综合分析

1.3.5.1　故障发展时序

故障发展时序图见图 1-35。

2013 年 10 月 13 日 0 时 58 分 46 秒 848 毫秒，10kV F_1 馈线发生 C 相接地故障，40ms 后，发展为 B、C 相接地故障；46ms 后，发展为 A、B、C 三相故障；246ms 后，F_1 馈线过流 II 段保护动作；282ms 后，F_1 馈线 QF_6 断路器跳开；562ms 后，T_1 低压侧后备过流 II 段保护动作；596ms 后，T_1QF_3 断路器跳开，故障隔离。

从以上故障发展过程分析，F_1 QF_6 断路器跳开后，F_1 断路器 TA 不再流过故障电流，

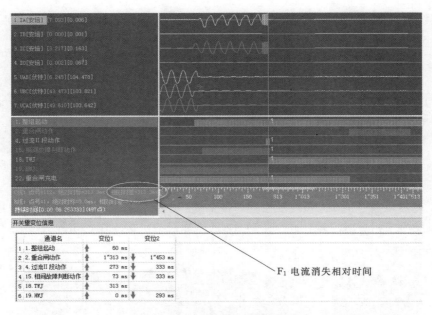

图 1-34　F_{27} 馈线保护装置录波图

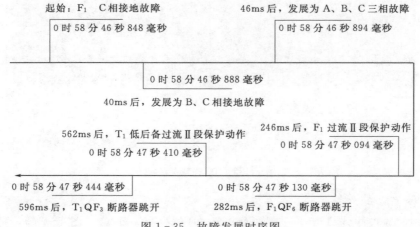

图 1-35　故障发展时序图

但 T_1 低压侧断路器 TA 仍然流过三相短路电流，大少变化不大，说明故障点已经从开关柜下端的 QS_1 隔离开关发展到 QF_6 断路器上触头，由 T_1 低压侧 0.5s 过流段动作切除故障。

1.3.5.2　故障原因初步分析

（1）从检查的情况来看，开关柜 QS_1 隔离开关 C 相对地短路放电是本次开关柜故障的直接原因。检查发现开关柜 QS_1 隔离开关 C 相下方有一千足虫残骸，初步判断引起 QS_1 隔离开关 C 相对地放电的原因是千足虫爬到 QS_1 隔离开关 C 相瓷瓶，缩短了带电设备对地的绝缘距离。

QS_1 隔离开关静触头瓷瓶的距离为 140mm，动触头瓷瓶长度为 130mm，千足虫长度约为 110mm，其爬上隔离开关静触头瓷瓶后极易因绝缘距离不足引起放电（图 1-36）。

— 16 —

图 1-36　隔离开关动静触头长度

（2）QS₁ 隔离开关放电发生后，产生大量导电粉尘，迅速向上冲向断路器室，是导致 QF₃ 断路器跳闸的直接原因。大量导电粉尘进入断路室后引起绝缘下降，粉尘形成放电通道，造成三相短路故障。

1.4　馈线断路器跳闸线圈损坏拒跳后引起主变保护越级动作

1.4.1　故障前运行方式

某 220kV 变电站，T₁ 正常运行，三侧断路器 QF₁、QF₂、QF₃ 在正常运行状态；10kV Ⅰ 段母线正常带电运行；10kV F₁ QF₄ 断路器挂 10kV Ⅰ 段母线正常运行。10kV 分段断路器 QF₅ 处于分位。一次接线图见图 1-37。

1.4.2　一次、二次设备配置情况

1. 一次设备

一次设备情况见表 1-9。

2. 二次设备

二次设备配置表见表 1-10 和表 1-11。

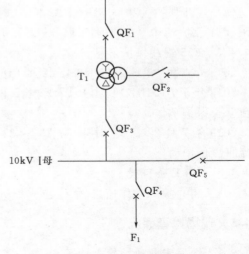

图 1-37　一次接线图

表 1-9　　　　　　　　一次设备情况表

断路器名称	QF₄ 断路器	出厂时间	1999 年 8 月 5 日
额定电流	3130A	额定电压	12kV

表 1-10　　　　　　　　二次设备配置表 1

保护名称	主变保护	TA 变比	5000/5
装置参数	DC 220V		
相关保护定值整定	低压侧过流 Ⅰ 段一时限定值整定为 1.5A，时间为 1.4s；低压侧过流 Ⅰ 段二时限定值整定为 1.5A，时间为 1.7s		

表 1-11　　　　　　　　　　　二 次 设 备 配 置 表 2

保护名称	馈线保护	TA 变比	400/5
装置参数	DC 220V		
相关保护定值整定	过流 Ⅱ 段定值整定为 2.5A，时间为 0.5s；过流 Ⅲ 段定值整定为 2.5A，时间为 0.8s		

1.4.3　故障概述

2013 年 7 月 22 日 14 时 40 分 22 秒，10kV F_1 馈线在站外 1km 处发生三相短路故障，B 相线路烧断。14 时 40 分 22 秒，F_1 馈线过流 Ⅱ 段保护动作，由于 QF_4 断路器分闸线圈在跳闸过程中烧坏，断路器拒跳，故障未能切除，14 时 40 分 23 秒，T_1 低压侧后备保护动作，QF_3 断路器跳闸，10kV Ⅰ 段母线失压。

1.4.4　保护动作信息

1.4.4.1　主变保护报文

（1）主 Ⅰ 保护。2013 年 7 月 22 日 14 时 40 分 23 秒 533 毫秒，T_1 低压侧过流 Ⅰ 段一时限 T11 保护动作（出口时间 1406ms），Ⅰ 段二时限 T12 保护动作（出口时间 1706ms）。

（2）主 Ⅱ 保护。2013 年 7 月 22 日 14 时 40 分 23 秒 533 毫秒，T_1 低压侧过流 Ⅰ 段一时限 T11 保护动作（出口时间 1405ms），Ⅰ 段二时限 T12 保护动作（出口时间 1705ms）。

1.4.4.2　F25 馈线保护信息

2013 年 7 月 22 日 14 时 40 分 22 秒 618 毫秒，保护启动。

2013 年 7 月 22 日 14 时 40 分 22 秒 618 毫秒，A、C 相故障，故障电流为 99.26A，过流 Ⅱ 段保护动作。

2013 年 7 月 22 日 14 时 40 分 23 秒 324 毫秒，A、C 相故障，故障电流为 92.50A，过流 Ⅲ 段保护动作。

1.4.4.3　10kV 备自投

10kV 备自投无动作信息。

1.4.5　现场检查情况

1.4.5.1　继保专业现场检查情况

（1）经继保人员现场检查发现，F_1 馈线、T_1 保护动作正确，装置显示保护动作信息正确。

（2）保护定值、相关开入量、压板检查情况。10kV F_1 馈线、T_1 保护定值、开入量及压板投退均正确。

（3）对 QF_4 断路器进行保护及重合闸传动，传动断路器均能正确分合闸，后台保护动作及重合闸显示报文正确，保护正常。

1.4.5.2　检修专业现场检查及处理情况

1. 现场检查情况

现场检修人员对开关柜进行外观检查，未发现异常，打开柜门后，有烧焦的味道，于是针对性地对断路器机构进行检查，发现分闸线圈有烧焦的痕迹（图1-38）。随后测量分闸线圈电阻为117.7kΩ，大大超出线圈145Ω的标准值，确定线圈已烧坏。由此判断，分闸线圈烧坏是造成10kV F_1 断路器拒跳的原因。

2. 处理情况

（1）拆下分闸线圈固定支架（图1-39）。

图1-38　开关柜外观

图1-39　分闸线圈固定支架

（2）线圈备品进行电阻值测量，为135.9Ω，原厂设计分闸线圈为145Ω，合闸线圈为135Ω，实际运行中两种线圈可以混用。现场使用135Ω线圈进行更换。

（3）重新安装分闸线圈，并对机构做低压动作电压测试，即100V，断路器能正常分闸。

1.4.6　事故原因综合分析

1.4.6.1　断路器跳闸及保护动作情况分析

检查10kV F_1 馈线保护动作情况后，可以判断 F_1 馈线发生线路三相故障，故障电流为7940A。发生故障后过流保护Ⅱ段、Ⅲ段动作，但 QF_4 断路器因跳闸线圈烧毁而拒跳，故障未切除，T_1 低压侧后备保护检测到故障电流，经过1406ms"过流Ⅰ段第一时限"动作跳 QF_5 断路器（实际 QF_5 断路器为分位，所以未有该断路器跳开情况）；经过1706ms，T_1 低压侧过流Ⅰ段二时限动作跳开 QF_3 断路器并闭锁10kV QF_5 备自投，造成10kVⅠ段母线失压。

1.4.6.2　QF_3 断路器越级跳闸原因分析

1. 直接原因

（1）F_1 发生三相短路故障。

（2）QF_4 断路器在跳闸过程中线圈烧毁。

2. 间接原因

（1）10kVⅠ段母线开关柜运行年限过长，设备老化。

（2）10kV Ⅰ段母线开关柜未能得到有效维护（最近的一次维护时间是 2007 年 10 月）。

1.4.7　暴露的问题

1.4.7.1　设备质量问题

10kV Ⅰ段母线开关柜运行年限过长，设备老化，存在一定的安全隐患。

1.4.7.2　设备运维问题

近年来，为提高供电可靠性，开关柜实施了状态检修，但由于状态检修策略还在摸索阶段，对一些比较隐蔽的附件不能进行有效维护。

1.5　电流插件故障引起主变差动保护动作

1.5.1　故障前运行方式

T_1、T_2 分列运行，10kV 母联断路器 QF_3 处于热备用状态，T_1 带 10kV Ⅰ段母线运行。一次接线图见图 1-40。

1.5.2　动作情况

2004 年 6 月 10 日 17 时 32 分某变电站 T_1 差动保护动作，两侧断路器跳闸，C 相差流 1.51A（定值为 1.5A），值班员立即合上 QF_3 母联断路器，T_2 带 10kV Ⅰ段、Ⅱ段负荷。

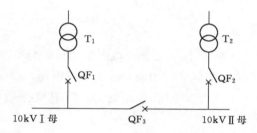

图 1-40　一次接线图

1.5.3　电流回路及保护检查

（1）回路测量。高压侧差动电流回路电阻测量：高压侧 A、B、C 相差动电流回路电阻均为 0.5Ω。低压侧差动电流回路电阻测量：低压侧 A、B、C 相差动电流回路电阻均为 1.5Ω。

（2）插件检查。保护电流插件外观检查正常，插回装置后测量 C 相电流回路电阻为 2.7Ω，拔出再插回（所插情况与原来相同）测得电阻为 1.5Ω，即 C 相有接触不良的现象。

（3）定值、精度检查正确。

（4）高压侧套管 TA 检查接线正确，组别接线正确，所用 D 级变比 600/5，C 相电缆芯绝缘为对地 50MΩ，芯对芯为 50MΩ。低压侧 TA 接线正确，变比为 3000/5，组别接线为 10P，C 相电缆芯绝缘为对地 40MΩ，芯对芯为 60MΩ。

（5）TA 伏安特性检查。高压侧与低压侧 TA 伏安特性有一定差别，但三相特性接近，C 相没有异常。

（6）带负荷检查（负荷 1600A），差流为：$I_{dA} = 0.06A$，$I_{dB} = 0.1A$，$I_{dC} = 0.04A$。但冲击时有"C 相越限告警，$I_{dC} = 4A$"。且每次冲击时 C 相均有"差流越限告警"，最大

记录为 7.02A。

1.5.4　事故分析

（1）每次 T_1 冲击都有差流越限告警；最大记录为 7.02A，而 T_2 没有差流越限告警记录。

（2）拔出电流插件检查再插回后，C 相电流回路电阻值与拔之前不同，增加 1.2Ω，存在接触不良现象。从以上现象分析，怀疑保护电流插件存在隐性故障。

1.5.5　整改措施

2004 年 6 月 15 日会同厂家检查后，更换保护电流插件，更换后的精度、零漂试验正确。对 T_1 带负荷检查，差流为：$I_{dA}=0.01A$，$I_{dB}=0.01A$，$I_{dC}=0.01A$，电流相位正确。

1.6　馈线断路器线圈动作电压过高致变压器低压侧越级跳闸

1.6.1　故障前运行方式

某 110kV 变电站，T_1 带 10kV Ⅰ段母线及 10kV Ⅱ段母线运行。QF_1 断路器、QF_3 断路器在合闸位置，QF_2 断路器在分闸位置。F_1 馈线挂 10kV Ⅰ段母线运行。一次接线图见图 1-41。

1.6.2　保护动作情况

（1）10 时 12 分 55 秒，10kV F_1 馈线 QF_4 断路器瞬时电流速断及限时电流速断保护多次（其中瞬时电流速断 2 次，限时电流速切 4 次）动作，同时发跳闸命令但 QF_4 断路器无跳闸。

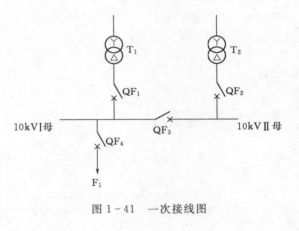

图 1-41　一次接线图

（2）10 时 12 分 56 秒，T_1 低压侧后备复合过流 Ⅰ段保护动作（A 相，二次故障电流为 10.3A），跳开 10kV 母联断路器 QF_3。

（3）10 时 12 分 56 秒，T_1 低压侧后备复合过流 Ⅱ段保护动作（A 相，二次故障电流为 10.3A），跳开 QF_1 断路器。

1.6.3　保护检查

（1）110kV F_1 馈线 QF_4 断路器按保护定值进行保护校验，保护装置精度准确，保护逻辑功能正确，保护传动断路器动作正确。

（2）由修试班对 F_1 馈线 QF_4 断路器跳闸线圈进行动作电压试验，跳闸后的原始状态试验结果动作电压为 160V，不符合相关规程要求，经修试班调整后的动作电压为 137V。

1.6.4 故障经过分析

2006年3月20日10时12分55秒，10kV F_1 馈线 QF_4 断路器发生A相接地故障（经相关部门检查，该线路A、C相有烟花爆破痕迹），QF_4 断路器瞬时电流速断及限时电流速断保护多次动作（其中瞬时电流速断2次，限时电流速切4次），但由于 QF_4 断路器的跳闸线圈动作电压过高（故障后测试为160V），以致断路器不能跳闸。10时12分56秒，T_1 低压侧后备保护复合过流 I 段、复合过流 II 段保护相继动作（A相，二次故障电流为10.3A），先跳开 QF_3 断路器，再跳开 QF_1 断路器，造成 10kV I 段及 II 段母线失压。

1.7 备自投逻辑缺陷引起主变跳闸

1.7.1 跳闸前运行方式

某110kV变电站，T_1 定检，QF_1、QF_7 断路器在检修状态；T_2 运行，10kV II 甲、II 乙母线的负荷及 10kV I 段母线由 T_2 供电，即 10kV 母联断路器 QF_5 在合闸位置；T_3 运行，带 10kV III 段负荷，10kV 母联断路器 QF_6 在分闸位置。10kV 母联断路器 QF_5 备自投投入，10kV 母联断路器 QF_6 备自投退出。一次接线图见图1-42。

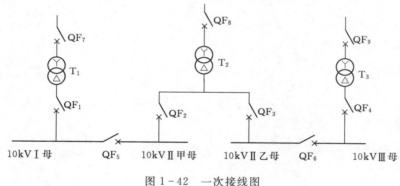

图1-42 一次接线图

1.7.2 故障概况

2006年4月5日17时57分，某110kV变电站 T_2 低压侧二分支 QF_3 断路器跳开，使某110kV变电站10kV II 乙段母线失压。

1.7.3 继保人员检查情况

继保人员在后台机检查到的保护信息如下：

2006年4月5日17时57分53秒 T_1 低压侧 QF_1 跳位合。

2006年4月5日17时57分54秒 T_2 低压侧二分支 QF_3 合位分。

2006年4月5日17时57分54秒 10kV QF_5 备自投启动动作。

2006 年 4 月 5 日 17 时 57 分 55 秒 10kV 备自投序列 5（均分负荷）出口动作。

1.7.4　跳闸原因初步分析

QF_3 断路器跳闸是由 10kV 备自投序列 5（均分负荷）出口动作所致。某型号备自投序列 5 出口动作条件为：① Ⅰ 段母线电压 $U_z > 80V$；② QF_5 断路器合位；③ QF_1 断路器跳位。以上条件满足后，备自投序列 5 出口动作。QF_1 断路器跳位合条件满足是由于当时 QF_1 断路器在试验位置，QF_1 断路器分位，二次线插头拔出。试验人员想合 QF_1 断路器，将 QF_1 断路器二次线插头与断路器本体连接后，10kV QF_5 备自投装置收到 QF_1 断路器跳位信息，满足备自投序列 5 出口动作条件，所以备自投装置动作，跳开 QF_3 断路器。由于 QF_6 备自投装置退出，10kV 母联断路器 QF_6 不能自动合闸，使 10kV Ⅱ乙段母线失压。

为证实以上情况，2006 年 4 月 5 日 21 时 50 分 12 秒进行模拟试验，结果与上述情况一致，而且 10kV QF_5 备自投装置"动作"及"告警"灯亮。模拟试验动作信息记录如下：

（1）后台机信息。2006 年 4 月 5 日 21 时 50 分 12 秒 125 毫秒，QF_5 备自投启动；2006 年 4 月 5 日 21 时 50 分 12 秒 202 毫秒，QF_5 动作出口。

（2）10kV 备自投装置信息。2006 年 4 月 5 日 21 时 50 分 12 秒 125 毫秒，备自投启动；2006 年 4 月 5 日 21 时 50 分 12 秒 202 毫秒，序列 5 出口。

1.7.5　防范措施

（1）故障由厂家备自投保护程序存在逻辑缺陷引起，故要求厂家尽快更改程序，改变充电逻辑。

（2）在厂家尚未更改程序前，对于在装某型号备自投装置的变电站，如果母联断路器在合闸位置时，值班员应该将备自投保护退出运行。

1.8　主变高压侧后备保护拒动引起相邻线路越级跳闸

1.8.1　故障前运行方式

某 110kV 变电站，110kV 甲线（T 接）带 T_1 运行，QS_1 分闸；110kV 乙线（T 接）带 T_2、T_3 运行，QS_2 合位。T_1 带 10kV Ⅰ段母线。母联断路器 QF_5 热备用，T_2 带 10kV Ⅱ甲段母线，QF_3 断路器热备用，T_3 带 10kV Ⅲ段及 10kV Ⅱ乙段负荷，10kV 母联断路器 QF_6 运行。一次接线图见图 1 - 43。

1.8.2　故障概况

2006 年 5 月 3 日 4 时 36 分左右，由于雷击某 110kV 变电站 10kV TV_1 三相短路，将高压柜烧穿引致旁边 T_2 QF_2 开关柜处三相短路，而 T_2 高压侧后备保护拒动，故障点在差动保护范围以外，所以差动保护不动作。QF_2 低后备动作跳开 QF_2 断路器，但不能切除变压器低压侧三相短路故障，由对侧线路 110kV 乙线距离Ⅲ段保护动作切断电源，进而切除故障点。

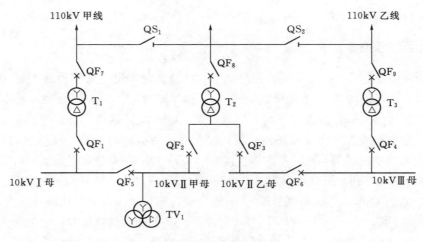

图 1-43 一次接线图

1.8.3 故障后检查

（1）T_2 高压侧后备保护拒动检查。查保护定值单，T_2 高压侧后备保护闭锁控制字 SGB 为 "3"，即控制字 SGB1 与 SGB2 投入。

（2）保护装置按定值单加模拟量检查。加负荷电压、低电压、故障电流，装置不动作，当将闭锁控制字 SGB1、SGB2 退出后，装置加故障量，保护动作，跳开 QF_8 断路器。

（3）保护装置将闭锁控制字 SBG1、SBG2 投入，将其闭锁回路接线解除后，装置加故障量，保护动作，T_2 高压侧 QF_8 断路器跳闸。

1.8.4 结论

经以上试验分析，T_2 高压侧后备保护拒动原因是闭锁回路闭锁，当故障条件满足后不能开放保护，从而造成 T_2 高压侧后备保护拒动。

事后核对某 110kV 变电站主变保护的整定值，闭锁控制字 SGB 整定为 "0"，即控制字 SGB1 与 SGB2 退出。

1.9 遥信回路与直流系统同时接地致主变跳闸

1.9.1 故障前运行方式

某 110kV 变电站，110kV T_1、T_2、T_3 分列运行。分别由 T_1 带 10kV I 段母线、T_2 带 II 甲段母线、II 乙段母线，T_3 带 III 段母线运行。10kV 母联断路器 QF_5、QF_6 在热备用状态。其中 10kV 备自投由于未具备投运条件，故未投入，在停用状态。一次接线图见图 1-44。

1.9.2 故障概况

2006 年 6 月 28 日 11 时 25 分，地区下起滂沱大雨，雷电交加。此时，在某 110kV 变电站，T_3 高压侧 QF_9 断路器跳闸，10kV III 段母线失压。上级主管在接到某变电站的通

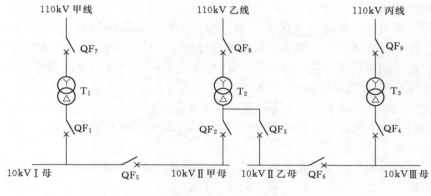

图 1-44　一次接线图

知后，立即查看现场，并于 12 时 20 分合上 10kV 母联断路器 QF_6，恢复对 10kV Ⅲ 段母线负荷的供电。

1.9.3　检查经过

（1）对 T_3 的差动保护、非电量保护、变高后备保护及变压器低压侧后备保护进行检查，均未发现启动及动作的信息报告。查阅后台机的报告，也未发现有关 T_3 保护动作的信息报告。只有在非电量保护的断路器量信息中查看到 QF_9 断路器由合位变分位的信息报告。显示为跳闸位置继电器由"0"变"1"，断路器位置由"1"变"0"，即表示 QF_9 断路器由合闸位置变为分闸位置。此报告属 QF_9 断路器位置的正常变位显示。

（2）对 220V 直流系统电压进行检查，绝缘监测装置及后台机均无反映"直流接地"的信息。

（3）在对 QF_9 断路器的控制回路进行检查时，发现其跳闸回路与"四遥"信号回路的信号正电源并接，存在寄生。另对其回路中控制正电源、控制负电源、跳闸回路、合闸回路、信号正电源用摇表进行对地的绝缘检查，发现跳闸回路、信号正电源对地绝缘为零（跳闸回路、信号正电源处于并接的情况下）。在分开跳闸回路、信号正电源的回路后，只有信号正电源遥信回路对地绝缘为零，其余回路对地绝缘均良好，达到 60MΩ 以上。

（4）将 QF_9 断路器控制回路恢复到原状态，模拟 QF_9 断路器跳闸前的状态，对跳闸回路、信号正电源回路进行多次模拟一点接地，此时，QF_9 断路器未出现异常情况。

（5）模拟 QF_9 断路器跳闸前的状态，将跳闸回路与信号正电源回路分开后再进行多次人为短接，QF_9 断路器未有异常现象。

（6）经与远动班对其遥信回路的电源检查后，证实该直流电源为 48V，属于不接地系统，且与 220V 直流电源系统完全隔离。

1.9.4　检查结果

正常运行时，信号正电源与 T_3 QF_9 断路器的跳闸回路存在寄生。由于两个电源不共地，且相互隔离，在检查寄生回路时不易被发现。

QF_9 断路器跳闸回路存在寄生，当直流系统发生一点接地时，不会引起 QF_9 断路器误跳闸（此结论已在检查过程中多次实际模拟过）。

综合以上的检查结果，初步判断，引起 QF$_9$ 断路器误跳的原因如下：

（1）由于当时恶劣天气，瞬间的强雷电有可能使遥信回路信号正电源与 220V 直流系统的控制正电源同时接地，使 QF$_9$ 断路器的控制正电源通过遥信回路信号正电源引入到跳闸回路，导致 QF$_9$ 断路器跳闸。

（2）由于当时发生强雷击，可能受雷电入侵波的影响，信号正电源电位突然升高（信号正电源回路在检查时证实有接地现象），达到 QF$_9$ 断路器跳闸线圈的动作电压，使 QF$_9$ 断路器动作跳闸。

（3）若非直流回路两点接地或电压波动造成误跳，则有可能是由于受当时恶劣天气的影响，加上近区遭受强雷击，断路器受到振荡而偷跳。

1.9.5　整改措施

（1）将信号正电源与 QF$_9$ 断路器的跳闸回路分开。

（2）加强对该站直流系统电压的监视，发现有"直流接地"现象及时处理。

1.10　10kV 线路故障发展为母线故障造成主变后备保护动作

1.10.1　故障前运行方式

某 110kV 变电站，110kV 甲线带 T$_1$ 供 10kV Ⅰ 段母线运行，110kV 乙线带 T$_2$ 供 10kV Ⅱ甲段、10kV Ⅱ乙段母线运行，110kV 丙线带 T$_3$ 供 10kV Ⅲ段母线运行，10kV F$_1$ 和 T$_5$ 挂 10kV Ⅱ乙段母线运行，10kV Ⅰ段、Ⅱ甲段分段断路器 QF$_5$ 及 10kV Ⅲ段、Ⅱ乙段分段断路器 QF$_6$ 在热备用状态。10kV 分段断路器 QF$_5$、QF$_6$ 备自投装置正常充电运行，10kV 接地系统经消弧线圈接地，消弧选线装置投入跳闸，各间隔均正确投入。一次接线图见图 1-45。

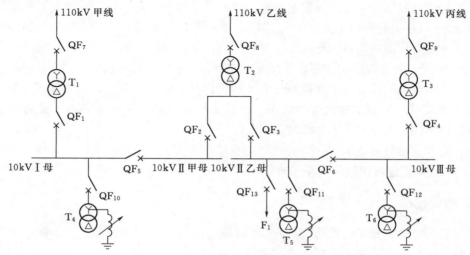

图 1-45　一次接线图

1.10.2 保护动作情况

2011 年 5 月 15 日 16 时 47 分 25 秒 886 毫秒，10kV F_1 馈线三相短路故障跳闸，4s 后重合闸动作，重合成功；16 时 47 分 26 秒 153 毫秒，T_2 低压侧乙侧后备保护动作，跳开 QF_{37} 断路器，10kV Ⅱ乙段母线失压。

1.10.3 保护配置情况

保护配置情况见表 1-12。

表 1-12　　　　　　　　　　　　　保 护 配 置 情 况 表

序　号	间　隔	断路器 TA 变比
1	QF_2 后备保护	3000/1
2	F_1 馈线保护	600/1

1.10.4 相关保护定值整定情况

保护定值整定情况见表 1-13。

表 1-13　　　　　　　　　　　　　保 护 定 值 整 定 情 况 表

间　隔	TA 变比	定 值 设 置
QF_2 后备保护	3000/1	复压过流Ⅱ段：$I=3.3A$，$t=0.5s$
F_1 馈线保护	600/1	过流Ⅰ段：$I=2A$，$t=0.2s$ 重合闸时间：$t=4s$

1.10.5 保护动作信息

保护动作报文信息见表 1-14。

表 1-14　　　　　　　　　　　　　保 护 动 作 报 文 信 息 表

间　隔	时　间	动 作 信 息
F_1	16 时 47 分 25 秒 786 毫秒	过流保护Ⅰ段动作，动作电流 $I_a=20.6A$，$I_c=25.6A$
F_1	16 时 47 分 25 秒 886 毫秒	保护启动重合闸
F_1	16 时 47 分 26 秒 6 毫秒	保护出口
F_1	16 时 47 分 29 秒 936 毫秒	保护重合闸出口
QF_2 后备	16 时 47 分 18 秒 473 毫秒	保护元件突变量启动
QF_2 后备	16 时 47 分 26 秒 553 毫秒	复压闭锁过流Ⅱ段一时限动作，动作电流 6.81A

1.10.6 现场检查情况

（1）一次设备检查情况。现场检查发现 10kV F_1 电缆头 A 相有明显接地短路放电痕迹，10 kV Ⅱ乙段母线在 F₁ 间隔处有 A、C 相短路放电痕迹。

（2）二次设备检查情况。现场检查保护定值整定正确，保护动作逻辑正确，保护动作信息上传正确。

1.10.7 断路器跳闸情况分析

根据现场一次、二次设备检查及高压试验情况，初步判断为 F₁ 电缆相间接地故障引起 QF₁₃ 断路器保护动作跳闸，由于在故障过程中发展成 10kV 母线故障，导致 T₂ 低压侧后备保护动作，跳开 QF₃ 断路器，随后Ⅱ乙段母线失压，QF₁₃ 断路器重合成功。

经综合分析，本次一次设备故障引起的保护动作均正确。

1.11 二次回路接线错误引起主变差动保护动作

1.11.1 故障前运行方式

T₁ 带全站负荷，10kV 分段断路器 QF₃ 在运行状态，运行人员正在进行 T₁ 转 T₂ 运行，T₁ 退出运行转检修状态的操作。一次接线图见图 1-46。

1.11.2 故障概况

2006 年 8 月 16 日 7 时 50 分，运行人员将 T₁、T₂ 并列运行后，切开 T₁ 低压侧 QF₁ 断路器，同时 T₂ 差动保护动作，跳开 QF₄、QF₂ 断路器。10kV Ⅰ、Ⅱ 段母线失压，运行人员初步判断后，合上 QF₁ 断路器，恢复 10kV Ⅰ、Ⅱ 段母线供电。

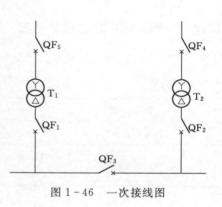

图 1-46　一次接线图

1.11.3 事故检查分析

（1）运行人员检查 T₂ 本体及两侧引线均未发现异常。

（2）继保人员检查 T₂ TA 回路时，发现 QF₄ 断路器 TA 端子箱处的差动组 TA 端子已短接，至差动回路的电流电缆未接线，放置在电缆槽内，而 T₂ 差动保护当时在使用断路器 TA，此电缆未接线正是引起 T₂ 差动保护动作的原因。

（3）在检查工作记录时，发现在 2006 年 5 月 16 日进行过 QF₄ 断路器端子箱更换，当天是全站停电，同时进行 QF₅、QF₄ 间隔的隔离开关更换，端子箱更换，QF₄、QF₅ 断路器更换 TA 等工作。由于当天 T₂ 未带负荷，未进行电压、电流相位检查，因此未发现上述隐患。

1.11.4 防止同类事故的措施

（1）验收前验收人员必须做好验收方案及验收表格，防止工作漏项。

（2）严格把好验收关，对于当天未验收的项目，必须第二天继续验收。

（3）生技室安排技改工作时，必须提前一天安排相关班组做好准备。

（4）做好相关培训，提高继保人员的技能。

1.12 线路保护遭雷击定值出格导致主变越级跳闸

1.12.1 故障前运行方式

T_1 供 10kV Ⅰ 段、Ⅱ甲段母线负荷，分段断路器 QF_5 处于运行状态；T_3 供电 10kV Ⅱ乙段、Ⅲ段母线负荷，QF_6 断路器处于运行状态。其中Ⅱ乙段母线只有 F_1、F_2、F_3、F_4、F_5 5 条馈线运行。

1.12.2 事故经过

2005 年 6 月 2 日 16 时 28 分，正值雷雨天气，10kV Ⅱ乙段母线、10kV Ⅲ段母线同时有接地信号，T_3 QF_4 断路器（低后备）低压复压闭锁方向过流Ⅰ段保护一时限出口，动作电流为 3.56A（变比 3000/1），跳开 QF_6 分段断路器，10kV Ⅱ乙段母线、10kV Ⅲ段母线的出线都无保护动作信号。

1.12.3 事故后检查及分析

1.12.3.1 事故检查

T_3 低压侧保护定值正确，变比正确。10kV Ⅲ段母线馈线柜保护定值变比检查正确；10kV Ⅱ乙段母线馈线柜保护定值检查发现：F_1、F_2、F_3、F_4、F_5 的Ⅰ、Ⅱ、Ⅲ段电流定值全部变为 −0.498A，时间定值与定值单相符，当时立即对 F_5 馈线进行模拟试验，加入故障电流 10A，保护只报过负荷告警，保护没有动作。后将电流定值改为 2A，再加入故障电流 2A，保护动作正确。

1.12.3.2 事故分析

从以上信号及试验分析可知，当时正值雷雨天气，10kV Ⅱ乙段母线的 F_1、F_2、F_3、F_4、F_5（运行状态）馈线由于受雷击产生故障电流，但由于 F_1、F_2、F_3、F_4、F_5 5 条运行线路的电流定值变为 −0.498A，据厂家介绍，此定值为无限大，造成此 5 条馈线保护拒动，而引起越级跳闸，将 QF_6 分段断路器跳开，切除 10kV Ⅱ乙段母线故障。

1.12.4 初步结论

由于 F_1、F_2、F_3、F_4、F_5 5 条馈线保护装置受雷击干扰（保护接地良好）或质量问题引起定值出格，造成保护拒动，进而导致越级跳闸事故。

1.12.5 整改措施

（1）要求厂家作出解释及具体的反措。

（2）更换 F_1、F_2、F_3、F_4、F_5 5 条馈线保护装置（待停电计划安排）。

1.13 回路寄生引起的主变跳闸

1.13.1 故障前运行方式

某 110kV 变电站，110kV Ⅰ、Ⅱ 段母线并列运行，110kV 甲、乙、丙、丁线均在运行状态，T_1、T_2、T_3 分列运行，QF_5、QF_6 备自投退出运行。一次接线图见图 1-47。

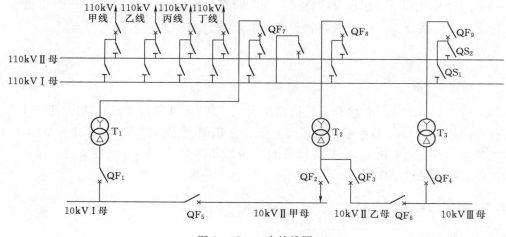

图 1-47 一次接线图

1.13.2 事故概述

2007 年 5 月 11 日 12 时 2 分，T_3 高压侧 QF_9 断路器无保护信号跳闸，T_3 低压侧后备保护出线 TV 失压告警，QF_9 断路器操作箱显示合后灯，跳位灯亮。T_3 所有保护均无保护信号，跳闸灯不亮。某 220kV 变电站 110kV 录波未启动，后台监控机信息显示与保护一致。

1.13.3 事故调查情况

(1) 在现场未被破坏前，测量 T_3 差动保护、高后备保护、本体保护出口压板均无输出，110kV 母差跳 T_3 回路无输出。

(2) 合上 QF_9 断路器，测量跳闸回路与地的压降为一个变化的数，为 145～175V，这个是由测控屏过来的干扰电压引起，待处理好测控屏的干扰后，跳闸回路的压降为 -107V，即跳闸线圈无明显的压降（"-"对地为 -109V）。

(3) QF_9 断路器的控制回路绝缘检查。保护屏、开关柜控制屏、断路器机构箱端子均无异常。测量回路绝缘水平，"+"对地为 64MΩ，"-"对地为 60MΩ，跳闸对地为 60 MΩ，绝缘合格。

(4) 断路器跳闸电压检查。断路器在合位状态，跳闸线圈加压至 116V 断路器跳闸，跳闸电压合格。

1.13.4 在检查过程中出现的直流系统干扰电压

在 QF$_9$ 断路器合上，而 QS$_1$、QS$_2$ 隔离开关均分开的情况下电压切换装置报 TV 失压信号，此信号发至测控屏，由于测控屏与公共屏之间有寄生回路（设计上的错误），此信号又发至公共屏。由于测控屏、公共屏为各自独立的电源，此信号同时向这两个屏发送，引起直流系统电压的波动。从 QF$_9$ 断路器控制回路分析（图 1-48），当时合后灯亮，并不是远动或手动引起的跳闸。

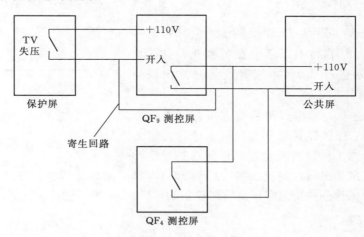

图 1-48 装置联系示意图

1.13.5 初步结论

经以上检查分析，QF$_9$ 断路器跳闸有两种情况：①机构故障；②跳闸回路由于外界原因发生偶然性串电，引起无信号跳闸。

1.14 试验方法不当引起 500kV 主变保护动作

1.14.1 故障前运行方式

某 500kV 变电站，T$_1$ 高压侧 QF$_1$ 断路器挂 500kV Ⅰ段母线运行，中压侧 QF$_2$ 断路器挂 220kV Ⅱ段母线运行，低压侧 QF$_3$ 断路器挂 35kV Ⅱ段母线运行，35kV Ⅱ段母线 C$_2$ QF$_5$ 断路器、C$_1$ QF$_4$ 断路器在运行状态。一次接线图见图 1-49。

1.14.2 T$_1$ 保护动作情况

(1) 2007 年 8 月 29 日 14 时 57 分 19 秒，T$_1$ 微机变压器保护屏 C 后备保护公共绕组零序反时限保护动作，动作电流二次值为 0.27A（整定值为 0.2A），反时限动作倍数为 1.33，公共绕组 A、B、C 三相电流分别为 0.19A、0.46A、0.47A，其中，B、C 两相电流为正常负荷电流。保护动作时，跳开 T$_1$ 高压侧 QF$_1$ 断路器、中压侧 QF$_2$ 断路器、低压侧 QF₃ 断路器，联跳 35kV Ⅱ 段母线 C₂ QF₅ 断路器、35kV Ⅱ 段母线 C₁ QF₄ 断路器。

（2）屏Ⅰ、屏Ⅱ、屏Ⅲ T₁ 主保护、后备保护、非电量保护无任何保护动作报告。

（3）T₁ 故障录波装置：T₁ 三侧电压波形正常、T₁ 三侧电流波形正常、公共绕组电流波形正常。

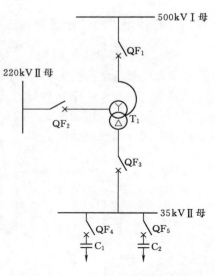

图 1-49　一次接线图

1.14.3　T₁ 保护动作分析

根据某 500kV 变电站 T₁ 保护装置通信异常消缺计划，2007 年 8 月 29 日，继电保护作业人员在某 500kV 变电站进行 T₁ 保护装置通信异常消缺工作。

14 时 57 分左右，继电保护作业人员与保护厂家一起继续在 T₁ 保护屏Ⅳ通信管理机上进行通信回路检查工作。当工作进行到检查通信回路是否已恢复正常时，厂家提出通过短接公共绕组 A 相 TA 回路的方法人为产生差流，发报警信号时，引起后备保护公共绕组零序反时限保护动作，T₁ 保护动作，跳开三侧断路器。

1.14.4　处理经过

经对现场了解，导致 T₁ 保护误动的经过如下：

8 月 29 日 14 时 57 分，现场继电保护作业人员与保护厂家在 T₁ 保护屏进行 T₁ 通信管理机通信异常检查工作。在此之前已经检查发现 T₁ 通信管理机与后台监控装置通信存在不匹配，厂家表示在现有的硬件条件上已无法提高自身的通信速率，于是厂家建议由后台更改设置，延长后台召唤时间或在判断通道中断后即时对其通信管理机进行初始化。当时为了检查、确认该方案的正确性，厂家提出要继电保护作业人员用短接 T₁ 保护屏零序差动保护公共绕组的 TA 回路的方法，使保护动作或发 TA 断线等保护报文，以检查通信是否正常。由于现场图纸有误，再加上前开门式保护屏内光线不足，致使继电保护作业人员误以为公共绕组 TA 未串入其他回路，于是现场继电保护作业人员在保护屏 2 内短接了公共绕组 A 相电流回路，致使零序过流反时限保护动作。

T₁ 保护屏 2 内公共绕组 TA 回路接线图见图 1-50。

1.14.5　原因分析

（1）现场继电保护作业人员思想麻痹、安全意识不够，在没有深入了解 TA 回路走向的情况下，误认为短接公共绕组一相 TA 不会引起其他保护误动。

（2）现场继电保护作业人员在现场作业时过分依赖厂家技术人员，对厂家技术人员提出的试验方法没认真理解就动手试验。

（3）厂家对现场的缺陷处理没有具体、清晰的施工方案，导致在现场指导的厂家技术人员提出的方案具有较大的随意性。

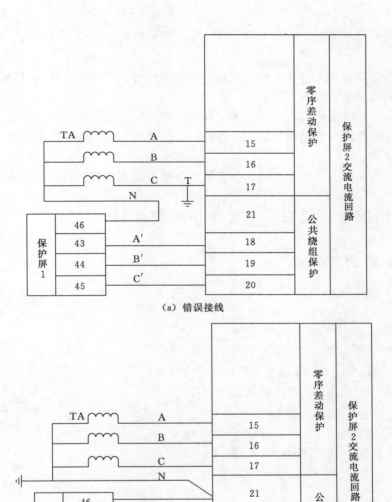

（a）错误接线

（b）正确接线

图 1-50　接线图

（4）现场图纸与实物不符，造成现场继电保作业人员对相关回路认识不清晰。

（5）前开门式保护装置的设计不合理，当一个人在保护装置工作时，不能很好地被监护。

1.14.6　防范措施

（1）加强班组现场管理，要求严格按照现场施工方案和现场作业指导书执行每一项操作，尤其要规范在运行中的电压、电流回路，跳闸回路，重要设备上的工作行为，全面提高专业水平。

（2）加强对厂家现场作业行为的管理，对厂家提出的方案要严格把关，建立可行的审批手续。

（3）加强图纸管理，确保站内图纸百分百正确；对错误的图纸要及时修改，并制定相关的修改、审批手续。

（4）进一步做好危险点警示牌工作。针对不同变电站的实际情况，制定各个站的危险点警示牌，并将危险点警示牌粘贴在设备的醒目位置。确保现场工作人员对 TA 回路的走向有清晰的认识。

（5）建议尽量少选用前开门式保护装置，以避免出现监护不到位的隐患。

1.15　闭锁压板漏投引起主变保护越级跳闸

1.15.1　故障前运行方式

某 110kV 变电站，T_2 由 110kV 乙线供电，只投入 QF_2 断路器带 10kV Ⅱ甲、Ⅱ乙段母线运行（某 110kV 变电站只有两台主变，10kV Ⅱ甲、Ⅱ乙段母线一次连通，QF_3 断路器备用），10kV F_1 馈线 QF_7 断路器挂 10kV Ⅱ乙段母线运行。T_1 由 110kV 甲线供电，带 10kV Ⅰ段母线运行，10kV 分段断路器 QF_4 热备用。一次接线图见图 1−51。

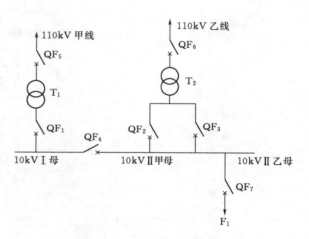

图 1−51　一次接线图

1.15.2　设备情况

一次设备有 T_2 低压侧 QF_2 断路器、10kV F_1 馈线 QF_7 断路器。保护配置情况见表 1−15 和表 1−16。

表 1−15　　　　　　　　　　　保护配置情况表 1

保护名称	T_2 低压侧 QF_2 后备保护	出厂时间	2013 年 8 月
装置参数	110V，1A	TA 变比	5000/1
相关保护定值整定	母线速断保护段定值为 1.2A（一次值为 6000A），0.2s 跳变压器低压侧 QF_2 断路器		

表 1−16　　　　　　　　　　　保护配置情况表 2

保护名称	10kV F_1 馈线 QF_7 断路器保护	出厂时间	2013 年 8 月
装置参数	110V，1A	TA 变比	800/1
相关保护定值整定	母线速断闭锁保护定值为 1.88A（一次值为 1504A），瞬时发闭锁信号；限时电流速断保护值为 3.75A（一次值为 3000A），0.2s 跳 QF_7 断路器		

1.15.3　保护动作情况及检查情况

1.15.3.1　10kV F₁ 馈线 QF₇ 断路器保护动作情况

2014 年 9 月 29 日 4 时 31 分 44 秒 945 毫秒，10kV F₁ 馈线 QF₇ 断路器保护 BC 相母线速断闭锁保护动作，故障二次电流为 3.79A（变比 800/1），折算成一次电流为 3032A，经 0.007s 发出母线速断闭锁信号，见图 1-52。

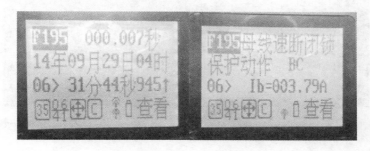

图 1-52　10kV F₁ 馈线 QF₇ 断路器保护 BC 相母线速断闭锁保护动作报文

2014 年 9 月 29 日 4 时 31 分 44 秒 950 毫秒，10kV F₁ 馈线 QF₇ 断路器保护 BC 相限时电流速断保护动作，故障二次电流为 7.18A（变比 800/1），折算成一次电流为 5744A，经 0.201s 跳开 QF₇ 断路器，见图 1-53。

图 1-53　10kV F₁ 馈线 QF₇ 断路器保护 BC 相限时电流速断保护动作报文

2014 年 9 月 29 日 4 时 31 分 45 秒 220 毫秒，10kV F₁ 馈线 QF₇ 断路器保护发三相一次重合闸，经 0.999s 合上 QF₇ 断路器，见图 1-54。

图 1-54　10kV F₁ 馈线 QF₇ 断路器保护三相一次重合闸动作报文

1.15.3.2 T_2 低压侧 QF_2 后备保护动作情况

2014 年 9 月 29 日 4 时 31 分 44 秒 964 毫秒，T_2 低压侧 QF_2 后备保护 B 相母线速断保护段动作，故障二次电流为 1.25A（变比 5000/1），折算成一次电流为 6250A，经 0.200s 跳开 QF_2 断路器，10kV Ⅱ甲段、Ⅱ乙段母线失压，见图 1-55。

图 1-55 T_2 低压侧 QF_2 后备保护 B 相母线速断保护装置动作报文

1.15.3.3 检查情况

继保人员现场对保护动作信息进行了初步分析，10kV F_1 馈线 QF_7 断路器保护瞬时发出母线速断闭锁信号，T_2 低压侧 QF_2 后备保护母线速断保护却仍能动作，初步判断是 10kV F_1 馈线 QF_7 断路器保护瞬时发出的母线速断闭锁信号，不能开入到 T_2 低压侧 QF_2 后备保护，造成 T_2 低压侧 QF_2 后备保护逻辑判断为母线发生故障，跳开 T_2 低压侧 QF_2 断路器。

进一步确认 10kV F_1 馈线 QF_7 断路器保护瞬时发出的母线速断闭锁信号的同时，T_2 QF_2 后备保护未接收到母线速断闭锁开入信号。

图 1-56 T_2 屏
4LP15 压板标签为备用

对 10kV F_1 馈线 QF_7 断路器保护装置进行保护定值核对和逻辑试验后发现，10kV F_1 馈线 QF_7 断路器保护加入故障电流后，母线速断闭锁保护能够瞬时动作，并发出母线速断闭锁信号，闭锁母差压板下端有正电位，并一直保持，直到退出故障电流才返回。

T_2 低压侧 QF_2 后备保护的检查试验。10kV F_1 馈线 QF_7 断路器保护仍加入相同的故障电流，并投入闭锁母差保护压板，T_2 低压侧 QF_2 后备保护装置却无闭锁母差保护的开入；从 10kV 馈线引入的二次电缆带有正电，因此检查闭锁母差保护回路，发现 10kV 闭锁母差保护回路到 T_2 低压侧 QF_2 后备保护需经过一个 4LP15 压板，而现场的 4LP15 压板标签显示为备用，并处于退出状态，见图 1-56。此外施工蓝图上并无标示此压板，厂家白图上有 4LP15 压板，见图 1-57 和图 1-58。

恢复并投入 4LP15 压板后，在 10kV F_1 馈线 QF_7 断路器保护再次加入相同的故障电流，并投入闭锁母差压板，T_2 低压侧 QF_2 后备保护装置收到闭锁母差保护的开入信号，闭锁回路正确。试验完成后，结合实际对压板的标签进行完善，见图 1-59，同时检查同类型的 T_2 低压侧 QF_8 后备保护及 T_1 低压侧 QF_1 后备保护，发现存在同样的问题，已经核实并整改。

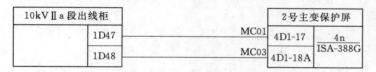

图 1-57 设计蓝图没有此压板

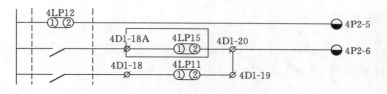

图 1-58 厂家白图有此压板

1.15.4 事件综合分析

1.15.4.1 直接原因

10kV F_1 馈线线路发生相间故障是本次事件的直接原因。

1.15.4.2 间接原因

闭锁母差开入压板未能正确投入，当 10kV F_1 馈线发生线路故障时，未能正确闭锁 10kV Ⅱ甲段母线快速保护，引起保护越级跳闸。

1.15.5 暴露的问题

（1）施工人员和继保人员都没有认真审核厂家压板图纸，埋下安全隐患。

图 1-59 T_2 屏增加 4LP15 压板并完善标签

（2）标签管理不规范，施工单位打标签时误将 10kV 保护闭锁母线速断保护总压板打成"备用"。

（3）施工验收不到位；施工方在施工过程中不够严谨、细致，未将"备用压板"取下便进行试验项目；继保人员开展保护验收时，未能检查到"备用压板"在退出状态，就开展试验验收。

（4）施工人员、继保人员习惯性地认为 10kV 保护发出的闭锁母差信号无需经压板而是直接进入低后备保护装置，没有认真、仔细核查回路。

1.15.6 防范措施

（1）全面核查所属其他变电站是否存在类似问题，通过图纸、压板照片、现场确认二次回路、压板状态和运行方式的正确性。

（2）组织全体继保人员学习相关规范。

（3）规范标识管理，严格按照相关规范对二次标签进行施工、验收。

（4）明确压板验收作业步骤规范。

1）依据厂家压板图纸，结合现场实际完善压板标签。

2）验收前退出、拆除所有"备用压板"。

3）根据保护逻辑、出口传动逐一核查每一块压板的正确性、唯一性。

1.16 10kV 母线相间短路引起变压器低压侧后备保护动作

1.16.1 故障前运行方式

某 110kV 变电站，T_1、T_2 并列运行，带全站负荷，站用变 T_3 及 10kV F_1 馈线挂 Ⅱ 段母线运行。一次接线图见图 1-60。

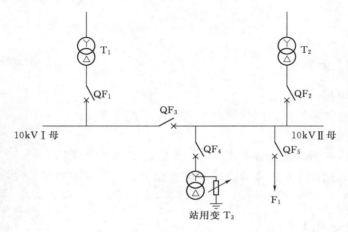

图 1-60 一次接线图

1.16.2 保护装置记录调查

1.16.2.1 10kV F_1 保护装置

（1）2008 年 7 月 27 日 18 时 49 分 9 秒 73 毫秒，故障电流为 96.95A（折合一次电流 7756A），过流Ⅰ段保护动作。

（2）2008 年 7 月 27 日 18 时 49 分 13 秒 56 毫秒，重合闸动作。

（3）2008 年 7 月 27 日 20 时 32 分 54 秒 748 毫秒，遥控执行合闸。

1.16.2.2 T_1 低压侧后备保护装置

（1）2007 年 7 月 3 日 21 时 58 分 22 秒 220 毫秒，三相故障，故障电流为 23.82A（折合一次电流 14292A），复压过流Ⅲ段保护动作。

（2）2007 年 7 月 3 日 21 时 58 分 16 秒 751 毫秒，零序过压保护报警，0 变为 1。

注：装置显示时间为 2007 年 7 月 4 日 0 时 35 分 34 秒，实际时间为 2008 年 7 月 27 日 23 时 10 分 34 秒。

1.16.2.3 T₂ 低压侧后备保护装置

（1）2008 年 7 月 27 日 20 时 33 分 2 秒 11 毫秒，三相故障，故障电流为 34.26A（折合一次电流 17210A），复压过流 Ⅱ 段保护动作。

（2）2008 年 7 月 27 日 20 时 33 分 1 秒 713 毫秒，三相故障，故障电流为 34.1A（折合一次电流 17130A），复压过流 Ⅰ 段保护动作。

（3）2008 年 7 月 27 日 20 时 32 分 55 秒 748 毫秒，零序过压保护报警，0 变为 1。

1.16.3 保护动作分析

2008 年 7 月 27 日 18 时 49 分 9 秒 73 毫秒，10kV F_1 馈线线路故障，保护装置过流 Ⅰ 段保护动作，QF_5 断路器跳闸，重合闸动作。但由于重合闸压板退出，所以 F_1 断路器重合闸不成功，供电公司线路人员巡查线路后，没有发现故障点。20 时 32 分 54 秒，由集控合上 QF_5 断路器，在合上断路器的同时 T_1、T_2 后备保护记录零序过压保护开入量由 0 变为 1，即有 10kV 母线单相接地现象。20 时 33 分 1 秒 220 毫秒，T_1 复合过流 Ⅲ 段保护动作，0.5s 跳开 10kV 母联断路器 QF_3 及 T_1 低压侧 QF_1 断路器（三相故障，故障电流为 23.82A，折算一次电流为 14292A）。20 时 33 分 2 秒 11 毫秒，T_2 复压过流 Ⅰ 段保护动作跳开 QF_3 断路器，复压过流 Ⅱ 段保护动作跳开 QF_2 断路器（三相故障，故障电流为 34.26A，折算一次电流为 17130A），某 110kV 变电站 10kV 全部失压，切除故障点。

1.16.4 初步结论

在故障发生后进行现场检查，发现站用变 T_3 母线侧隔离开关有对柜顶放电及相间短路痕迹（F_1 馈线高压柜与 T_3 柜相邻），这是母线相间短路的明显故障点。根据现象及保护装置记录分析，由于 10kV F_1 馈线在送电时操作过电压引起 T_3 上隔离开关单相对柜顶放电导致 10kV 母线单相接地短路，经过约 5.5s 后扩展为 10kV 母线 A、B、C 三相短路。T_1 低压侧后备保护复压过流 Ⅲ 段保护动作 0.5s 跳开 10kV 母联断路器 QF_3 及变压器低压侧 QF_1 断路器，使 10kV Ⅰ 段母线失压。但由于故障点在 10kV Ⅱ 段母线，故障点仍未切除，T_2 低压侧后备保护复压过流 Ⅰ 段保护动作后 1s 跳开 10kV 母联断路器 QF_3，复压过流 Ⅱ 段保护动作后 1.3s 跳开低压侧 QF_2 断路器，10kV Ⅱ 段母线失压，切除故障点。

检查发现 T_2 保护于 2006 年 3 月 17 日已做保护全检试验，而定值单于 2006 年 5 月 17 日下发，结合保护定检更改，故未曾执行，造成 10kV Ⅱ 段母线故障时复合闭锁过流跳闸而不是 0.5s 速断保护跳闸。这说明"定值管理"全过程跟踪存在漏洞，须加强定值的流程化管理，防止遗漏。

1.17 消弧选线装置拒动引起主变越级跳闸

1.17.1 故障前运行方式

某 110kV 变电站，T_1、T_2、T_3 分列运行，10kV QF_5、QF_6 分段断路器热备用，

F_{14}、F_{15} 均挂 10kV Ⅱ甲段母线运行。一次接线图见图 1-61。

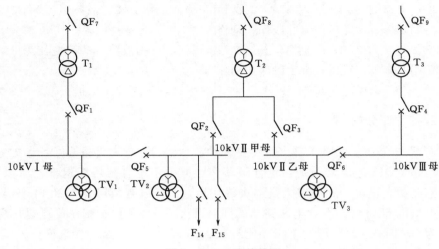

图 1-61　一次接线图

1.17.2　故障概况

1.17.2.1　10kV TV_1、TV_2、TV_3 柜损坏情况

TV_1、TV_3 柜严重烧毁,造成母线三相短路故障;TV_2 烧坏 C 相,但没有造成相间短路;TV_1、TV_3 的小母线已全部烧坏,不能使用。

1.17.2.2　保护动作情况

时间为 2009 年 6 月 16 日,保护动作报文见表 1-17。

表 1-17　　　　　　　　　　　　　　保护动作报文

时　间	报　文　信　息
12 时 8 分 18 秒	消弧装置动作,Ⅱ甲段、Ⅱ乙段母线接地故障信号发出
12 时 8 分 28 秒	1 号消弧选线 F_{14} 接地故障(但断路器没有跳闸),2 号消弧选线 F_{15} 动作跳闸
12 时 12 分 17 秒	T_2 高压侧复压方向过流Ⅰ段保护一时限动作,跳开 T_2 两侧 QF_8、QF_2、QF_3 3 个断路器
12 时 12 分 18 秒	10kV QF_5、QF_6 备自投动作
12 时 12 分 21 秒	合上 QF_5、QF_6 分段断路器
12 时 12 分 22 秒	T_3 低压侧复压方向过流Ⅰ段保护一时限出口,跳开 QF_6 分段断路器
12 时 16 分 11 秒	T_1 高压侧复压方向过流Ⅰ段保护一时限动作,跳开 QF_7、QF_1 断路器

1.17.2.3　故障发展过程初步分析

6 月 16 日 4 时 26 分,10kV F_{14} 接地故障,消弧线圈选线动作跳闸,经当地配电营业部抢修,在 11 时 53 分恢复供电,剩余配电用户箱变故障,要求检测后才能恢复用电。

12 时 8 分 10kV F_{15} 接地故障,消弧线圈对接地电容电流 66.8A 进行过补偿,补偿电流为 71A,站用变兼接地变中性点电压 10140.1V 选线动作跳闸。估计在跳闸前,当地配电营业部某电管工人合上故障配电箱(边相 A 或 C 相),该用户配电箱中性线烧断。F_{14} 故障点仍然存在,消弧线圈补偿电容电流 4min,在该故障补偿过程中产生谐振过电压,引起 10kV TV_2、TV_3 电压互感器内部过热导致绝缘击穿，故障发展为三相短路故障。

由于 T_1、T_2、T_3 低压侧后备、高压侧后备保护定值单整定为复压方向过流保护经方向闭锁，且方向均为指向变压器，现场整定与定值单一致，因此 TV_3 绝缘击穿三相短路及 TV_2 A 相内部击穿，导致 T_2 低压侧后备保护判别方向为不正确而拒动，而 T_2 高压侧后备保护判别方向正确，T_2 高压侧后备保护复压方向过流 I 段一时限在 12 时 12 分 17 秒动作，1.6s 跳开 QF_8、QF_2、QF_3 断路器。10kV 备自投在 12 时 12 分 18 秒动作，10kV QF_5、QF_6 备自投动作合闸，将 10kV II甲、II乙段故障扩展至 T_1、T_3。

12 时 12 分 22 秒，T_3 低压侧压侧复压方向过流 I 段一时限出口，0.5s 跳开 QF_6 分段断路器；导致 10kV TV_3 三相短路时间合计为 2.1s，所以烧毁比较严重。

12 时 12 分 22 秒由于 10kV F_{14} 故障仍然存在，消弧线圈对电容电流进行补偿，产生谐振过电压，10kV II甲段谐振电压扩展至 10kV I 段母线，导致 10kV I 段 TV_1 三相绝缘击穿，T_1 高压侧复压方向过流 I 段保护一时限动作，在 1.6s 后跳开 QF_7、QF_1 断路器，导致 10kV TV_1 三相短路时间合计为 1.6s。

1.17.3　保护现场检查情况

（1）在保留事故现场的情况下，用继保测试仪对 T_1、T_2 高压侧、低压侧后备保护进行调试校验检查。

1）模拟无 TV 交流电压、加故障电流（电流大于整定值）的情况，复压方向过流保护不动作。

2）模拟有 TV 交流电压、加故障电流（故障电流大于整定值）且方向指向变压器的情况，复压方向过流保护动作；反之若方向指向母线，则不动作。

（2）将 T_1、T_2 高压侧后备、低压侧后备复压方向过流保护改为不经方向闭锁模拟正方向、反方向故障，保护均动作正确。

1.17.4　事故原因初步分析

由于 10kV F_{14}、F_{15} 馈线的线路接地，消弧装置 F_{15} 选线跳闸，F_{14} 有选线报文，但实际上断路器没有跳闸，消弧装置长时间补偿电流，造成 10kV II甲、II乙段母线过电压，引起 TV_3 绝缘击穿短路。由于 T_1、T_2、T_3 低压侧后备、高压侧后备保护定值单整定为复压方向过流保护经方向闭锁，且方向均为指向变压器，现场整定与定值单一致，因此 TV_3 绝缘击穿短路时，T_2 低压侧后备保护判别方向为不正确而拒动，而 T_2 高压侧后备保护判别方向正确，T_2 高压侧后备保护复压方向过流 I 段保护一时限动作，跳开 QF_8、QF_2、QF_3 断路器。而由于此变电站均没有设计高后备保护动作闭锁 10kV 备自投，QF_5 备自投动作合上 QF_5 断路器、QF_6 备自投动作合上 QF_6 断路器，T_3 低压侧后备保护复压过流 I 段保护一时限出口动作跳开 QF_6 断路器。4min 后，10kV I 段 TV_1 发生绝缘击穿短路，由于 T_1 低压侧后备复压方向过流保护经方向闭锁且方向指向变压器，致使 T_1 低压侧后备保护拒动，而由变高后备保护复压方向过流 I 段一时限动作跳开 QF_7、QF_1 断路器。

此站主变低压侧后备保护定值 1s 切 10kV 分段断路器，1.3s 切变压器低压侧断路器；而高压侧后备保护定值切两侧断路器的时间为 1.6s。故障录波完好，故障录波图与以上保护动作行为吻合。

1.17.5 处理措施

（1）事故现场处理。将 TV_1 柜、TV_3 柜相关的电缆拆除，小母线拆除，恢复 10kV Ⅰ段和Ⅱ段母线直流系统供电。

（2）定值处理。经向定值整定计算员反映，将 T_1、T_2、T_3 高压侧、低压侧后备复压方向过流保护改为不经方向闭锁过流保护。

1.18 变压器低压侧开关柜故障引起主变高压侧后备保护动作

1.18.1 故障前运行方式

某 110kV 变电站，T_1、T_2、T_3 分列运行，QF_5、QF_6 断路器在分位，QF_5、QF_6 备自投投入运行。一次接线图见图 1-62。

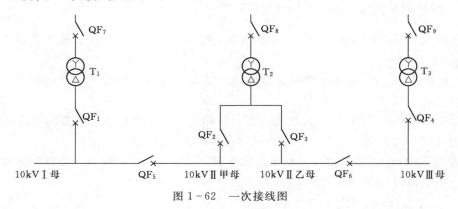

图 1-62 一次接线图

1.18.2 保护动作情况

1.18.2.1 T_2QF_3 侧低后备装置报文

2010 年 1 月 12 日 16 时 30 分 53 秒，复合电压过流Ⅰ段保护动作，A、C 相故障，故障电流为 35.72A。

2010 年 1 月 12 日 16 时 30 分 53 秒，复合电压过流Ⅱ段保护动作，A、C 相故障，故障电流为 35.72A，动作时闭锁 QF_6 备自投。

1.18.2.2 T_2 高压侧后备保护装置报文

2010 年 1 月 12 日 16 时 30 分 53 秒 319 毫秒，复合电压过流保护Ⅱ段动作，三相故障，故障电流为 12.43A，动作时闭锁 QF_5、QF_6 备自投。

1.18.3 现场检查及故障分析

现场检查 QF_3 开关柜被熏黑，有明显的烧焦痕迹，从 T_2QF_3 侧低后备保护装置、T_2 高压侧后备装置的保护动作报文以及故障录波图可以分析，2010 年 1 月 12 日 16 时 30

分，10kV Ⅱ乙段母线 A 相电压降低，同时 B、C 相电压升高，持续 50ms 后 QF₃ 开关柜发生三相短路，致使 QF₃ 后备保护复合电压过流Ⅰ、Ⅱ段保护动作，QF₃ 断路器跳闸，但仍未能隔离故障点。300ms 后 T₂ 高压侧后备复合电压过流保护Ⅱ段保护动作跳闸于 QF₈ 断路器、QF₂ 断路器、QF₃ 断路器，最后隔离故障点。由于 QF₃ 低后备动作闭锁 QF₆ 备自投，T₃ 高压侧后备动作闭锁 QF₅、QF₆ 备自投，故 QF₅、QF₆ 备自投不动作均为正确行为。至于 QF₃ 开关柜的故障点有待一次专业排查。

1.18.4　结论

本次某 110kV 变电站 T₂ 保护动作正确。

1.19　回路设计不完善导致主变保护误动

1.19.1　故障前运行方式

110kV 甲线供某 110kV 变电站 T₁、T₂、T₃，3 台主变低压侧分列运行，10kV QF₅、QF₆ 备自投退出，10kV F₁ 和 F₂ 挂 10kV Ⅲ段母线运行。一次接线图见图 1-63。

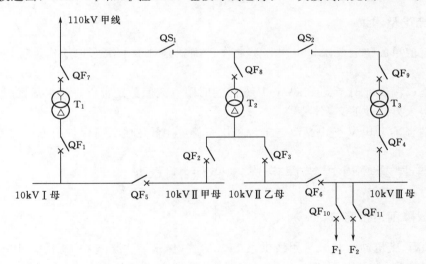

图 1-63　一次接线图

1.19.2　保护动作情况

T₃ 低压侧 QF₄ 后备保护动作，具体的动作情况为：2010 年 4 月 10 日 9 时 11 分 20 秒 235 毫秒，复合电压过流保护Ⅰ、Ⅱ段动作，A、C 相故障，故障电流为 5.16A（取最大相电流），动作时间为 1s。

1.19.3　现场检查

（1）经现场值班员向调度员了解，QF₄ 断路器跳闸前某电厂机组发生故障，导致 T₃

通过 F_1 馈线和 F_2 馈线向该电厂反供负荷。

（2）现场核对 T_3 QF_4 后备保护装置定值与定值单一致无误，而 T_3 低压侧后备保护由于是较早期的设计而无接入 10kV 母线电压的复压闭锁。

（3）现场检查 F_1 馈线和 F_2 馈线保护装置无相关启动及保护动作报文，现场核对 F_1 馈线和 F_2 馈线保护装置定值与定值单一致无误，而某电厂是后期新上的保护，定值单定时限过流低电压闭锁投退整定为投入，定时限过流低电压闭锁定值整定为 70V，即定时限过流保护经复压闭锁。

1.19.4　故障分析

由于电厂机组故障跳闸，导致某 110kV 变电站 T_3 通过 F_1 馈线和 F_2 馈线向电厂反供负荷，F_1 馈线和 F_2 馈线的线路保护定值为定时限过流保护，定值为 5A（一次值为 1000A），而 F_1、F_2 定值单要求定时限过流保护经复压闭锁，F_1 馈线、F_2 馈线出现过负荷时由于 10kV 电压没有明显降低，定时限过流保护没有动作。而 T_3 低压侧后备保护由于是较早期的设计而无接入 10kV 母线电压的复压闭锁，以致 T_3 过负荷，QF_4 后备保护复合电压过流保护 I、II 段动作，跳开 QF_4 断路器，使 III 段母线失压，动作电流为 5.16A（一次值为 3096A）。

1.19.5　结论及建议

根据定值单的整定要求，本次保护动作正确。但对于本次保护动作情况，提出以下建议：

（1）建议调度部门考虑 10kV 电厂线路定时限过流保护是否应不经复压闭锁，并考虑过流保护引入方向性的必要性。

（2）结合某 110kV 变电站改造工程尽快完善主变低压侧后备保护的复压闭锁功能。

1.20　装置参数设置错误造成主变保护误动

1.20.1　故障前运行方式

某 110kV 变电站，110kV 甲线供某 110kV 变电站，T_1 带 10kV I 段、II 甲段、II 乙段、III 段母线运行，QF_5、QF_2、QF_3、QF_6 断路器在运行状态，T_2 高压侧 QF_8 断路器在热备用状态，T_3 高压侧 QF_9 断路器在运行状态，QF_4 断路器在热备用状态，全站 6 组电容器，只有 C_1 QF_{10} 断路器在运行状态。一次接线图见图 1-64。

1.20.2　保护配置情况

某 110kV 变电站 T_1 保护装置投产时间为 2010 年 5 月 29 日，装置额定电流为 1A，T_1 低压侧 QF_1 断路器 TA 变比为 4000/1。

1.20.3　保护动作情况

2010 年 8 月 20 日 14 时 24 分 39 秒 144 毫秒，T_1 低压侧后备保护复压过流 III 段保护

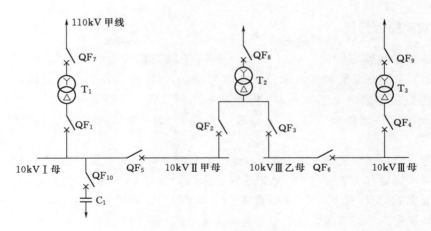

图 1-64 一次接线图

动作，T_1 低压侧 QF_1 断路器 A、B、C 三相电流分别为 2.5A、2.47A、2.47A（二次值），由于 A 相电流达到整定值 2.5A/10000A，故装置判断为 A 相故障，跳闸。由于 T_1 带全站负荷，故本次跳闸造成该变电站 10kV 全部 9 条馈线失压。

1.20.4 现场检查情况

（1）定值单复压过流Ⅲ段电流定值为 2.5A，时限为 0.5s，复压过流Ⅲ段保护复压闭锁投入控制字为 0（即不经复压闭锁），上述内容现场核对装置定值与定值单整定一致。

（2）检查 T_1 低压侧后备母线快速保护无动作（因分段断路器 QF_5、QF_6 在合位，闭锁了 10kV 母线快速保护）。

（3）对所有 10kV 馈线、电容器、接地变保护装置进行检查，除 C_1 因母线失压后低电压保护动作后，其他保护均无动作。

（4）用钳形电流表测量 T_1 低压侧后备保护电流回路电流为 0.34A，而装置面板显示的保护组电流为 1.7A，检查保护装置中"装置参数→遥测参数→TA 变比"，发现设置成：一次电流值为 300A，二次电流值为 5A。与实际 TA 变比 4000/1 不相符，检查定值单中对应的"遥讯、遥测、遥信、开出、电度、时间、口令"设置为"现场整定"。

（5）重新将"装置参数→遥测参数→TA 变比"改成一次电流值为 4000A、二次电流值为 1A 后，用钳形电流表测量低后备保护电流回路电流与装置显示的保护组电流一致，均为 0.34A。

（6）由于当时 T_1 已送电，现场对 QF_4 断路器处于分闸状态的 T_3 低压侧后备装置进行模拟试验，发现将"装置参数→遥测参数→TA 变比"改成二次电流值为 5A，加 0.6A 的故障电流，保护装置复压过流Ⅲ段保护就会动作，动作电流为 3.02A，相当于电流放大为实际值的 5 倍。

（7）现场模拟将 T_3 低压侧后备装置设置恢复为出厂设置，"装置参数→遥测参数→TA 变比"会自动变为一次电流值为 300A，二次电流值为 5A。与故障前 T_1 的参数设备相吻合。

1.20.5 跳闸原因分析

(1) 装置参数整定错误。由于 T_1 低压侧后备保护装置中的“装置参数→遥测参数→TA 变比”二次电流值被施工单位误整定为 5A，而装置实际二次额定电流为 1A，致使低后备保护装置二次电流放大为实际电流的 5 倍。当负荷电流上升，二次电流达到复压过流Ⅲ段保护整定值时，经 0.5s 延时动作跳开 QF_1 断路器。这是本次跳闸的直接原因。

(2) 施工单位擅自更换 CPU 插件。经现场调查和查阅相关资料发现，施工单位在保护装置安装调试过程中查出 T_1 主变低压侧后备保护装置 CPU 插件不能工作，5 月 24 日收到厂家寄来的 CPU 插件后，没有要求厂家对该 CPU 插件进行更换，而是自行更换，且没有告知继保人员该 CPU 插件已更换的情况。该新 CPU 插件“装置参数→遥测参数→TA 变比”出厂设置为一次电流值为 300A，二次电流值为 5A。施工单位未对该装置重新进行参数设置，一直保留出厂时的额定电流 5A；也没有校验过保护的精度和相关动作逻辑。只对保护出口跳闸进行传动，未能发现问题，为保护装置的安全稳定运行带来巨大隐患。这是本次跳闸的主要原因。

(3) 保护装置菜单设置不合理。T_1 主变保护“TA 二次额定值”参数设置在“遥讯、遥测、遥信、开出、电度、时间、口令”中，相当隐蔽，既容易使现场整定人员误以为此项参数与保护关系不大，又易使整定计算人员漏计算、更改人员漏设置、核对人员漏发现。这是本次跳闸的另一个主要原因。

(4) 继保班组验收不够细致。继保班组在验收中已完成所有验收项目，但由于不知道 CPU 插件已更换，所以未要求重做相关检验项目。投产前虽有定值检查、核对，但由于该参数设置与定值整定不在同一菜单下，未能发现参数设置错误。

(5) 定值单中未对装置参数进行整定。T_1 保护定值单中未对 TA 二次电流值进行整定，而是在定值整定栏写着“现场整定”。导致施工队、继保人员、值班人员三方均无法通过定值单来核查 TA 二次值。定值单整定情况见图 1-65。

定值单(只读)

	A	B	D
46	压闭锁	0	复压过流后加速I段保护复压闭锁投入
47		0	复压过流后加速II段保护复压闭锁投入
48		1	复压闭锁开出投入
49		70V	复压过流保护复压闭锁低压定值
50		7V	复压过流保护复压闭锁负压定值
51	零序电压告警	15V	零序电压告警定值
52		0S	零序电压告警时限定值
53	母线PT断线告警	10S	母线PT断线告警时限
54		0	母线PT断线退出过流投入
55	母线快速保护	1.5/6000A	电流定值
56		0.2S跳变低闭锁BZT	时限定值
57	通讯、遥测、遥信、开出、电度、时间、口令参数	现场整定	
58	保护配置	100C	复压过流I段1时限出口继电器
59		1024	复压过流I段2时限出口继电器
60		1024	复压过流III段出口继电器
61		1024	母线快速保护出口继电器
62		4001	复压闭锁开出出口继电器
63	备注:	未投入的保护出口整定为：0000	
64			
65			

图 1-65 保护定值单截图

1.20.6　暴露的问题

（1）施工人员思想麻痹、安全意识不够，对保护装置功能不熟悉，并且在未知会继保人员的情况下，擅自更换 CPU 插件，更换主要插件后又没有进行相关调试，导致"TA 二次额定值"设置错误。

（2）该类保护装置设计不合理，装置参数和保护定值分别在不同菜单内，导致整定人员、执行人员容易忽略该项"TA 二次额定值"参数，从而造成漏整定，也难以发现该项定值的错误。

（3）继保人员对该保护装置不够熟悉，验收过程中不够细致严谨，未能把好定值核对关。

（4）定值单不规范，有些定值需现场整定。

1.20.7　整改措施

（1）加强对施工单位的管理。禁止施工人员在没有取得相关继保人员同意的情况下，擅自更换保护相关插件。

（2）加强技术培训。加强继保人员、施工人员对新型保护装置的培训。

（3）继保人员在设备投产时应加强检查保护装置的采样值，核实 TA 变比及各项装置参数。

（4）对该类保护定值整定情况进行全面核查，发现问题，立即整改。

（5）由于该类保护装置的"TA 二次额定值"参数设置在"遥讯、遥测、遥信、开出、电度、时间、口令"一项中，相当隐蔽，应全面核查，防止同类问题再次发生。

（6）建议调通中心对该保护装置的装置参数进行明确整定核对。

1.21　TV 二次空气断路器接触不良引起 500kV 主变保护动作跳闸

1.21.1　故障前运行方式

某 500kV 变电站，T_1、T_2、T_4 运行正常，冷却系统正常投入，T_3 处于热备用状态。500kV Ⅰ 段母线连接 T_1 高压侧 QF_1 断路器、500kV 甲线 QF_4 断路器、T_2 高压侧 QF_7 断路器，Ⅰ 段母线 A 相 TV 正常运行；500kV Ⅱ 段母线连接 500kV 乙线 QF_3 断路器、500kV 丙线 QF_6 断路器、T_4 高压侧 QF_8 断路器、Ⅱ 段母线 A 相 TV 运行；第一串联络断路器 QF_2、第三串联络断路器 QF_5 合闸运行。T_3 高压侧 QF_{10}、中压侧 QF_{11}、低压侧 QF_{12}、第二串联络断路器 QF_9 在热备用状态。一次接线图见图 1-66。

1.21.2　保护配置情况

保护配置情况见表 1-18。

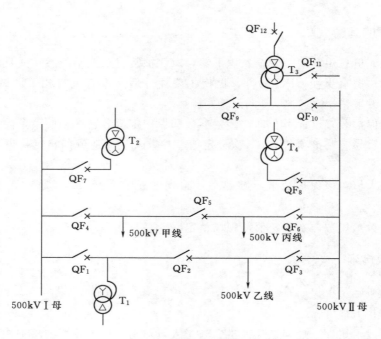

图 1-66　一次接线图

1.21.3　保护动作情况

2010 年 10 月 9 日 17 时 49 分 32 秒 880 毫秒，T_3 送电合 QF_{10} 断路器时高后备接地阻抗 Ⅰ 段保护第一时限保护动作，跳开 QF_{10}

<table>
<tr><td colspan="3">表 1-18　保 护 配 置 情 况 表</td></tr>
<tr><td>序号</td><td>保护分类</td><td>投产日期</td></tr>
<tr><td>1</td><td>主 Ⅰ 保护</td><td>2004 年 6 月 14 日</td></tr>
<tr><td>2</td><td>主 Ⅱ 保护</td><td>2004 年 6 月 14 日</td></tr>
</table>

断路器，QF_9、QF_{11}、QF_{12} 断路器当时还在热备用状态，无相关保护动作及变位信息。

1.21.4　现场检查情况

T_3（主 Ⅰ、主 Ⅱ）保护动作后，继电保护作业人员现场检查结果如下：

（1）T_3 保护 Ⅰ、Ⅱ 段保护定值按定值单整定，定值整定正确。

（2）T_3 保护 Ⅰ、Ⅱ 段保护动作信息：2010 年 10 月 9 日 17 时 49 分 32 秒 880 毫秒 Ⅰ 侧接地阻抗 T11（Ⅰ 侧阻抗 Ⅰ 段保护第一时限）保护动作，A、B、C 相保护动作绝对时间为 507 毫秒（整定值为 500 毫秒），跳 T_3 高压侧 QF_{10} 断路器，最大故障相电流 $I_b =$ 0.3A（二次值，折算成一次值为 1200A），从保护动作报告看，电压采样值为 0。

（3）通过保信系统检查 500kV 故障录波器 Ⅰ、Ⅱ，检查到在运行的 500kV 甲、乙、丙 3 条线路在 2010 年 10 月 9 日 17 时 49 分 32 秒 880 毫秒时刻启动录波图，发现其三相电压、电流均正常，说明在 T_3 高压侧后备保护动作时 500kV 一次系统未有异常。

（4）在 500kV 高压场地检查 T_3 高压侧 TV 端子箱二次空气断路器时，发现空气断路器有接触不良现象。

1.21.5 现场处理情况

继电保护作业人员现场对 T_3 高压侧 TV 端子箱二次空气断路器进行处理后,空气断路器接触良好;检查相关电压二次回路完好后,申请 T_3 再次送电。并在 10 月 9 日 22 时 7 分成功送电。

1.21.6 保护动作原因分析

在合 T_3 高压侧 QF_{10} 断路器时,由于高压侧二次空气断路器出现空气断路器接触不良现象,保护装置采样到的二次电压为 0,最大相电流值为 0.3A(二次值),引起高压侧接地阻抗 I 段第一时限保护动作。

1.22 10kV 线路发生间歇性故障引起主变保护动作

1.22.1 故障前运行方式

某 110kV 变电站,110kV 甲线供 T_1,带 10kV I 段母线运行;110kV 乙线供 T_2、T_3(经桥路 QS_1 隔离开关连接),T_2 带 10kV II 甲段母线和 II 乙段母线运行,T_3 带 10kV III 段母线运行;10kV 分段断路器 QF_5、QF_6 热备用;10kV F_1、F_2 馈线挂 10kV II 乙段母线运行。一次接线图见图 1-67。

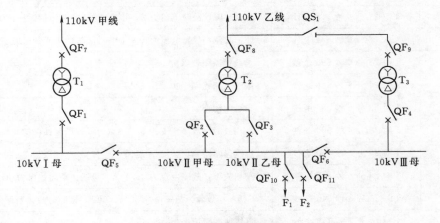

图 1-67 一次接线图

1.22.2 故障概况

2010 年 11 月 14 日 1 时 28 分 6 秒,某 110kV 变电站 10kV F_1 馈线、F_2 馈线限时电流速断保护动作,分别跳开 F_1 馈线 QF_{10} 断路器、F_2 馈线 QF_{11} 断路器;与此同时,T_2 低压侧 QF_3 后备保护 III 段复压过流保护动作,跳开 QF_3 断路器。10kV F_1 馈线、F_2 馈线为同杆架设线路,巡线检查发现这两条线路均有一次设备故障。

1.22.3 相关保护定值整定情况

相关保护定值整定情况见表 1-19。

表 1-19　　　　　　　　　　相关保护定值整定情况表

间隔	TA 变比	定 值 设 置
QF₃ 后备保护	4000/5	Ⅲ段复压过流保护定值整定：$I=12.5A$, $t=0.5s$
F₁	600/5	限时电流速断保护定值整定：$I=25A$, $t=0.2s$
F₂	600/5	母线速断闭锁保护定值整定：$I=12.5A$, $t=0s$ 重合闸时间整定：$t=1s$

1.22.4 保护动作信息

保护动作信息见表 1-20。

表 1-20　　　　　　　　　　保 护 动 作 信 息 表

间　隔	时　间	报　文
F₁	1 时 28 分 6 秒 526 毫秒	C、A 相故障，故障电流为 53.66A，母线速断闭锁保护动作
F₁	1 时 28 分 6 秒 664 毫秒	母线速断闭锁保护动作返回
F₁	1 时 28 分 6 秒 674 毫秒	C 相故障，故障电流为 23.09A，母线速断闭锁保护动作
F₁	1 时 28 分 6 秒 681 毫秒	C 相故障，故障电流为 109.84A，限时电流速断保护动作
F₁	1 时 28 分 6 秒 886 毫秒	母线速断闭锁保护动作 返回
F₁	1 时 28 分 6 秒 886 毫秒	限时电流速断保护动作 返回
F₁	1 时 28 分 6 秒 986 毫秒	重合闸动作
F₂	1 时 28 分 6 秒 590 毫秒	A 相故障，故障电流为 39.5A，母线速断闭锁保护动作
F₂	1 时 28 分 6 秒 760 毫秒	母线速断闭锁保护动作 返回
F₂	1 时 28 分 6 秒 848 毫秒	A 相故障，故障电流为 31.42A，母线速断闭锁保护动作
F₂	1 时 28 分 6 秒 849 毫秒	C、A 相故障，故障电流为 102.09A，限时电流速断保护动作
F₂	1 时 28 分 7 秒 119 毫秒	母线速断闭锁保护动作 返回
F₂	1 时 28 分 7 秒 120 毫秒	限时电流速断保护动作 返回
F₂	1 时 28 分 7 秒 119 毫秒	重合闸动作
QF₃ 后备保护	1 时 28 分 6 秒 534 毫秒	三相故障，故障电流为 22.19A，Ⅲ段复压过流保护动作
QF₃ 后备保护	1 时 28 分 6 秒 551 毫秒	闭锁母线速切保护告警
QF₃ 后备保护	1 时 28 分 7 秒 112 毫秒	Ⅲ段复压过流保护动作 返回
QF₃ 后备保护	1 时 28 分 7 秒 133 毫秒	闭锁母线速切保护告警 返回

1.22.5 现场检查情况分析

经继保人员现场检查，F_1 馈线、F_2 馈线为同杆架设线路，1 时 28 分 6 秒 F_1 馈线、F_2 馈线相继发生间歇性故障（经初步了解，F_1 馈线、F_2 馈线用户端发生多重短路故障），F_1 馈线经 0.2s 延时跳开 QF_{10} 断路器，F_2 馈线经 0.2s 延时跳开 QF_{11} 断路器。主变低压侧故障持续时间为 594ms，大于整定值 0.5s，致使 T_2 QF_3 低后备保护Ⅲ段复压过流保护动作，跳开 QF_3 断路器。由于Ⅲ段复压过流动作的同时闭锁 QF_6 备自投，故 QF_6 备自投无动作属于正确现象。F_1、F_2 跳闸后经 1s 重合成功，但此时 QF_3 断路器已经跳闸。流过 QF_3 断路器的最大短路电流约为 18000A。

1.22.6 保护动作情况判定

经综合分析，本次一次设备故障引起的保护动作均正确。

1.23 10kV 分段开关柜故障导致主变保护动作跳闸

1.23.1 故障前运行方式

某 110kV 变电站，110kV 甲、乙线分别带 T_1、T_2 供某变电站负荷，T_1、T_2 分列运行，各带一段馈线负荷，10kV 分段断路器 QF_3 在热备用状态。一次接线图见图 1-68。

1.23.2 T_1、T_2 主变保护配置情况

（1）T_1 保护为微机型保护。

（2）T_2 保护为非微机型保护。

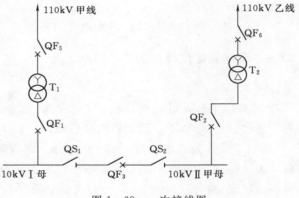

图 1-68　一次接线图

1.23.3 T_1、T_2 主变低压侧跳闸情况

2010 年 11 月 6 日 22 时 20 分 4 秒，某 110kV 变电站 T_1、T_2 低压侧后备保护动作，分别延时 518mm、624mm 跳开 QF_1、QF_2 断路器（在集控中心断路器变位数据库中查到）。

1.23.4 现场检查情况

（1）某 110kV 变电站 T_1 保护现场动作情况。2010 年 11 月 6 日 22 时 20 分 4 秒 928 毫秒，T_1 低压侧复压过流Ⅰ、Ⅱ段保护动作，装置显示，故障相为 A、B、C 三相，A 相故障电流最大，二次电流为 35.99A（折算到一次值为 21594A），其他两相由于装置功能所限，未能显示。

（2）某 110kV 变电站 T_2 保护现场动作情况。通过集控中心断路器变位比较，T_1 保

护动作 QF$_1$ 断路器跳闸前 106ms T$_2$ 低压侧后备保护动作，跳开 QF$_2$ 断路器，现场检查发现 10kV 低压过流动作信号继电器有掉牌。

（3）某 220kV 变电站 110kV 甲线录波启动情况。2010 年 11 月 6 日 22 时 19 分 57 秒 855 毫秒，110kV 甲线启动，线路三相二次电流值分别为 A 相 13.85A、B 相 16.09A、C 相 7.755A，折算到一次值分别为 2350.8A、2730.9A、1306.3A。

（4）一次设备现场检查。10kV 分段断路器 QF$_3$ 机构后封板脱落、电弧高温熔化，10kV 分段断路器 QF$_3$ 及同柜 QS$_1$ 隔离开关严重熏黑，QF$_3$ 开关柜及 C$_1$ 开关柜上部严重烧焦，QF$_1$ 开关柜上部母排绝缘护套变形，柜内二次接线烧坏，其他设备未发现异常。

1.23.5 T$_2$ 低压侧短路电流的推算

由于 T$_2$ 为常规继电器型保护，故障后无法记录动作时的短路电流，现将其故障电流通过计算（以 B 相为例）分析如下：

（1）110kV 甲线故障时 B 相的最大二次电流瞬时值为 16.09A，一次电流有效值为 2730.9A。

（2）T$_1$ 高压侧在 10kV 分段断路器故障时 B 相最大二次电流有效值为 16.06A，一次电流有效值为 1927.2A。

（3）T$_2$ 低压侧 B 相故障时一次电流有效值为 9940.7A。

1.23.6 现场处理过程

1. 一次设备

23 时部门抢修人员到达现场，初步确定故障情况后，由于设备 10kV Ⅰ、Ⅱ 段母线停电，初步措施是将 QF$_3$ 开关柜故障点隔离。23 时 21 分，合上 T$_2$ 低压侧 QF$_2$ 断路器，10kV Ⅱ 段母线恢复送电正常。23 时 30 分，在检修人员的配合下，拉开发生故障的 QS$_1$ 隔离开关，将 T$_1$ 10kV Ⅰ 段母线设备由热备用转为检修。

在满足安全措施的情况下，检修人员开始对 QF$_3$ 开关柜及隔离开关柜进行全面检查，并快速处理。首先将 QS$_1$ 隔离开关连接至母线的三相母排拆除，再将 QF$_3$ 开关柜及 C$_1$ 开关柜上部母线周围的所有支持瓷瓶、绝缘护套、封板用酒精清洗，用抹布清洁。清理完毕后对三相母线进行绝缘电阻测试，测得三相数据均为 3000MΩ，试验合格。

2. 二次回路

将 10kV QF$_3$ 开关柜内二次导线柜内连接部分全部拆除，外回路至端子排处绝缘良好部分保持其接线，带电部分用绝缘胶布封闭。10kV 分段断路器 QF$_3$ 的操作电源、储能电源、信号电源退出运行，与 10kV 分段断路器 QF$_3$ 并接的储能电源与信号电源在端子排处已与烧毁部分隔离，投入储能电源及信号电源，能正常工作。

1.23.7 故障原因分析

经现场检查及初步分析，导致设备故障的主要原因是 10kV 分段断路器 QF$_3$ 机构后封板运行中松脱，与热备用的分段断路器 QF$_3$ C 相距离不足导致放电，母线接地短路产生电弧，短路电弧燃烧使设备事故范围进一步扩大到分段断路器 QF$_3$ 本体两侧（图 1-69）。

故障时 10kV 分段断路器 QF$_3$ 处于热备用状态，故障电流分别从 T$_1$、T$_2$ 通过 Ⅰ、Ⅱ段母线至分段断路器 QF$_3$ 本体两侧，故 T$_1$、T$_2$ 低压侧后备保护动作，分别跳开 QF$_1$、QF$_2$ 断路器，切除 10kV 分段断路器 QF$_3$ 故障点。T$_1$、T$_2$ 本体运行正常。

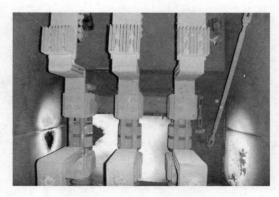

图 1-69　QF$_3$ 开关柜后封板脱落

1.23.8　防范措施

1. 一次设备

某 110kV 变电站 10kV 开关柜是敞开式柜体，属某电网公司设备技术反措范围，针对本次 110kV 变电站 10kV 开关柜发生的设备事故，建议加快 10kV 敞开式开关柜技术改造工作，在改造前落实相关预控措施，避免设备事故重复发生，确保设备的安全可靠运行。

2. 二次回路

对超期服役运行设备需加强巡视及定期检验，以保证设备的正常工作状态。

1.24　变压器低压侧开关柜 TA 与断路器间发生故障引起的主变保护动作

1.24.1　故障前运行方式

某 110kV 变电站，110kV Ⅰ 段母线运行，T$_1$ 高压侧 QF$_7$ 断路器、T$_2$ 高压侧 QF$_8$ 断路器、T$_3$ 高压侧 QF$_9$ 断路器均挂在 110kV Ⅰ 段母线运行。变压器低压侧 QF$_1$、QF$_2$、QF$_4$ 断路器在合位，QF$_3$ 断路器在分位。10kV 母联断路器 QF$_5$、QF$_6$ 均在热备用状态，10kV Ⅰ 段、Ⅱ甲段、Ⅲ 段母线分列运行，10kV Ⅱ乙段母线未投运。一次接线图见图 1-70。

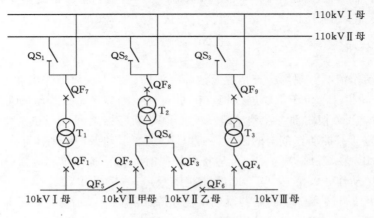

图 1-70　一次接线图

1.24.2 相关保护定值整定情况

保护定值整定情况见表 1-21。

表 1-21 保护定值整定情况表

间　　隔	TA 变比
T_2 低压侧 QF_2 后备保护	3000/5
T_2 高压侧 QF_8 后备保护	600/5

1.24.3 保护动作情况

1.24.3.1 故障经过

2010 年 12 月 4 日 23 时 51 分 43 秒，T_2 高压侧后备保护 I 段、III 段、IV 段复压过流保护动作，跳开 T_2 两侧 QF_8、QF_2 断路器；T_2 QF_2 低后备保护的 I 段、II 段、III 段、IV 段复压过流保护动作，跳开 T_2 低压侧 QF_2 断路器。

1.24.3.2 保护动作信息

（1）T_2 高压侧后备保护装置。2010 年 12 月 4 日 23 时 51 分 43 秒，T_2 高压侧后备保护的 I 段、III 段、IV 段复压过流保护动作。故障类型为三相短路，故障相别为 A、B、C 相，启动至出口时间为 1.3s，动作值为 16.47A（二次值）。

（2）T_2 QF_2 低后备保护装置。2010 年 12 月 4 日 23 时 51 分 43 秒，T_2 低压侧后备保护的 I 段、II 段、III 段、IV 段复压过流保护动作。故障类型为三相短路；故障相别为 A、B、C 相；启动至出口时间为 I 段、III 段、IV 段 1s，II 段 0.5s；动作值为 I 段、III 段、IV 段 36.21A，II 段 35.56A（二次值）。

1.24.4 现场检查情况

T_2 高压侧后备、QF_2 低后备保护装置动作报文与后台信息一致，保护录波与故障录波器波形一致，高压侧、低压侧一次折算电流一致，高压侧 B 相故障电流有效值约为 1976.4A（一次值），低压侧 B 相故障电流有效值约为 21726A（一次值）。

1.24.5 故障分析

根据保护动作情况、现场检查情况及故障录波图，对本次故障作出如下分析：

（1）T_2 差动组 TA 位于母线进线柜，在 QS_4 进线隔离开关与 QF_2 断路器之间。本次故障发生在 QF_2 开关柜内部，在差动组 TA 和 QF_2 断路器之间，不在主变差动保护的保护范围，属于差动保护动作范围的区外，所以 T_2 主变差动保护不动作。

（2）T_2 高压侧后备保护和 QF_2 低后备保护同时动作。具体过程为：QF_2 低后备的 II 段复压过流保护动作，0.5s 发 QF_2 断路器跳闸令，10kV II 甲段母线失压。由于故障点不在 10kV II 甲段母线，QF_2 断路器跳闸不能切除故障点。高后备保护的 III 段复压过流保护经低压侧复压开放（高后备保护电压取 110kV 母线 TV 电压），1.3s 切除 T_2 QF_8、QF_2 断路器，故障切除。

1.24.6 保护动作性质判定

本次故障，某110kV变电站T_2所有保护动作均正确。

1.25 主变低压侧隔离开关短路引起主变保护差动保护动作跳闸

1.25.1 故障前运行方式

某110kV变电站，110kV甲线供T_1、110kV乙线供T_2、110kV丙线供T_3运行。T_1带10kVⅠ段母线运行，T_2带10kVⅡ甲、Ⅱ乙段母线运行，T_3带10kVⅢ段母线运行，10kV分段断路器QF_5、QF_6在分位状态。一次接线图见图1-71。

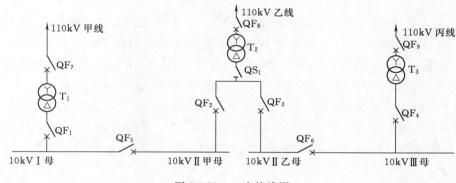

图1-71 一次接线图

1.25.2 设备配置情况

1. 一次设备

某110kV变电站T_2投产时间为2006年9月3日。

2. 二次设备

某110kV变电站T_2差动保护装置投产时间为2006年9月3日，装置额定电流为1A，变压器高压侧保护QF_8断路器TA变比为600/1，变压器低压侧QF_2断路器TA变比为3000/1。

1.25.3 现场检查情况

1. 一次部分

现场检查发现某110kV变电站T_2低压侧QS_1隔离开关柜发生相间短路故障。为进一步确定设备故障现场情况，现场抢修技术人员将QS_1隔离开关柜的前后封板打开，同时将小车拉出至检修位置，发现B相下触头烧毁严重，动触头触指有一半已经脱落或高温熔化（图1-72），隔离开关小车导电杆环氧树脂绝缘筒烧黑严重，表面黏附大量的黑粉尘（图1-73），其中B相下导电臂绝缘筒最为严重，已烧掉表面的环氧树脂层，露出内部的棉纱网，柜体顶部的开关柜压力释放盖动作，柜体的前门打开，柜体的其他部分没有发生变形。检查隔离开关小车内部导体，没有发现内部有三相短路的明显放电点。

图 1-72 动触头

图 1-73 导电杆

2. 二次部分

2012年4月25日8时28分30秒272毫秒，T_2差动保护差动电流速断保护动作，8时28分30秒272毫秒，T_2差动保护差动复式比率制动保护动作，跳开T_2高压侧QF_8断路器，低压侧QF_2、QF_3断路器，故障电流为7.15A（二次值），高压侧一次电流最大值为4290A。8时28分30秒310毫秒，T_2差动保护差动电流速断保护动作返回，8时28分30秒333毫秒，T_2差动保护差动复式比率制动保护动作返回，8时28分33秒640毫秒，QF_5、QF_6备自投动作合上QF_5、QF_6分段断路器。保护装置报文及后台信息显示，T_2故障电流均大于T_2差动保护中差动电流速断保护定值4.6A，差动复式比率制动保护整定值为0.3A，故保护正确动作。

根据上述结果，初步判断为T_2低压侧QS_1隔离开关柜一次故障，保护正确动作。由于QF_5、QF_6备自投正确动作，将10kV II段母线负荷均分为T_1、T_3供电，故本次跳闸没有造成某110kV变电站10kV II段母线负荷损失。

1.25.4 事件原因分析

针对以上现场检查结果，初步分析事故的主要原因是设备运行中负荷较重，引起B相下触头接触不良，发热严重，在高温发热过程中，B相静触头环氧树脂绝缘筒及动、静触头接触部分发热，导致接触不良，在电弧的燃烧下，散发出大量的烟雾及金属粉尘，令隔离开关封闭柜内空气的绝缘下降，最后导致相间高阻抗三相短路。

1.25.5 事件处理情况

(1) 更换隔离开关小车导电臂的6个梅花触头。

(2) 更换存在严重过流电弧灼伤的B相下导电臂、C相上导电臂触头（导电臂从该站大电流接地小车上拆下更换）。

(3) 更换B相及另外两相因过负荷有轻微灼伤的静触头。

(4) 更换B相下静触头的绝缘筒。

(5) 现场重新修复QS_1开关柜顶部的防爆阀挡板。

(6) 更换QS_1隔离开关小车的闭锁线圈。

（7）对 QS_1 隔离开关小车及柜体进行全面清洁。

（8）检查 T_2、变电母线桥、QF_8 断路器、QF_2 断路器、QF_3 断路器无异常。

（9）修复后 QS_1 隔离开关小车耐压、直阻等相关试验合格。

1.25.6　事件处理后的跟踪和防范措施

由于厂家没有该型号的备用隔离开关小车，故暂时采取上述修复方案，临时修复后恢复送电。但为确保设备运行的安全可靠性，经技术分析，需申请购买一台新的隔离开关小车以更换临时修复送电的 QS_1 隔离开关小车，彻底解决设备存在的安全隐患。

由于某 110kV 变电站负荷重、设备存在一定质量问题，从设备投运至今，10kV 开关柜通过停电维护及专项巡视检查，共发现 4 起设备未遂故障，因此，为确保某 110kV 变电站 10kV 系统的安全可靠运行，结合本次设备的故障情况，建议对运行中的 10kV 开关柜采取以下预控措施：

（1）控制负荷，建议各台主变低压侧断路器的运行电流不应超过 2200A，或者柜体运行温度不超过 50℃。

（2）在没有更换 QS_1 隔离开关之前，必须落实专项预控措施。

1）检修人员加强专业巡视，每两周进行一次检查，用红外线测温监测运行状态。

2）变电运行人员每天或负荷变化时进行巡视检查，对设备进行红外线测温。

1.26　主变差动保护主变接线方式设置错误而误动

1.26.1　故障前运行方式

某 110kV 变电站，T_1 带 10kV Ⅰ段母线运行，T_2 带 10kV Ⅱ甲、Ⅱ乙段母线运行，T_3 带 10kV Ⅲ段母线运行；10kV 分段断路器 QF_5、QF_6 热备用；QF_5、QF_6 备自投处于充电状态；其中 10kV F_1 馈线 QF_{13}、F_2 馈线 QF_{14} 断路器挂 10kV Ⅱ甲段母线运行。10kV 系统经消弧线圈接地。一次接线图见图 1-74。

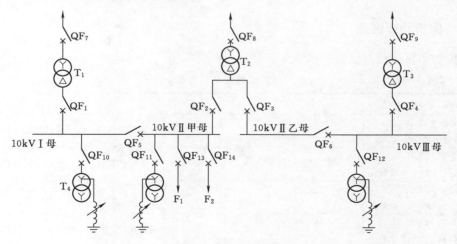

图 1-74　一次接线图

1.26.2　保护动作信息及断路器跳闸情况

（1）F_1 断路器保护装置。2012 年 6 月 29 日 3 时 38 分 8 秒 622 毫秒，10kV F_1 馈线 QF_{13} 断路器保护 C 相母线速断闭锁保护动作。故障电流 $I_c = 2.01$A（二次值，变比为 1000/1），动作时间为 0.007s。

（2）F_2 断路器保护装置。2012 年 6 月 29 日 3 时 38 分 8 秒 617 毫秒，10kV F_2 馈线 QF_{14} 断路器保护 CA 相母线速断闭锁保护动作。故障电流 $I_c = 2.58$A（二次值，变比为 1000/1），动作时间为 0.007s。

（3）T_2 差动保护装置。2012 年 6 月 29 日 3 时 38 分 8 秒 636 毫秒，T_2 差动保护 B 相比率差动保护动作。差动电流 $I_b = 0.68$A（二次值，变比：变压器高压侧为 800/1，变压器低压侧为 5000/1），动作时间为 0.2249s。

（4）QF_5、QF_6 备自投。2012 年 6 月 29 日 3 时 38 分 8 秒 708 毫秒，QF_5 备自投动作，跳开 QF_2 断路器，合上 QF_5 断路器。2012 年 6 月 29 日 3 时 38 分 8 秒 711 毫秒，QF_6 备自投动作，跳开 QF_3 断路器，合上 QF_6 断路器。两套备自投均正确动作。

1.26.3　保护基本配置情况

保护配置情况见表 1-22。

表 1-22　　　　　　　　　　　　保 护 配 置 情 况 表

序　号	间　隔	投 产 日 期
1	QF_{13} 断路器保护	2011 年 12 月
2	QF_{14} 断路器保护	2011 年 12 月
3	T_2 差动保护	2011 年 12 月
4	QF_5、QF_6 备自投	2011 年 12 月

1.26.4　保护动作信息

保护动作报文信息见表 1-23。

表 1-23　　　　　　　　　　　　保 护 动 作 报 文 信 息 表

时　间	间　隔	装　置	报　文
2012 年 6 月 29 日 3 时 38 分 6 秒 795 毫秒	T_2 间隔	T_2 低压侧甲后备保护装置	母线接地保护告警
2012 年 6 月 29 日 3 时 38 分 6 秒 797 毫秒	T_2 间隔	T_2 低压侧乙后备保护装置	母线接地保护告警
2012 年 6 月 29 日 3 时 38 分 8 秒 636 毫秒	T_2 间隔	T_2 保护装置	比率差动保护
2012 年 6 月 29 日 3 时 38 分 8 秒 641 毫秒	T_2 间隔	T_2 低压侧甲后备保护装置	闭锁母线速断保护告警
2012 年 6 月 29 日 3 时 38 分 8 秒 687 毫秒	T_2 间隔	T_2 差动保护装置	比率差动保护返回

时　间	间　隔	装　置	报　文
2012 年 6 月 29 日 3 时 38 分 8 秒 698 毫秒	T$_2$ 间隔	T$_2$ 低压侧甲后备保护装置	母线接地保护告警返回
2012 年 6 月 29 日 3 时 38 分 8 秒 699 毫秒	T$_2$ 间隔	T$_2$ 低压侧乙后备保护装置	母线接地保护告警返回
2012 年 6 月 29 日 3 时 38 分 8 秒 718 毫秒	T$_2$ 间隔	T$_2$ 低压侧甲后备保护装置	闭锁母线速断 保护告警返回
2012 年 6 月 29 日 3 时 38 分 12 秒 81 毫秒	T$_2$ 间隔	T$_2$ 低压侧乙后备保护装置	闭锁母线速 断保护告警
2012 年 6 月 29 日 3 时 38 分 12 秒 81 毫秒	T$_2$ 间隔	T$_2$ 低压侧乙后备保护装置	母线速断长时 间闭锁告警
2012 年 6 月 29 日 3 时 38 分 12 秒 84 毫秒	T$_2$ 间隔	T$_2$ 低压侧甲后备保护装置	闭锁母线速 断保护告警
2012 年 6 月 29 日 3 时 38 分 12 秒 84 毫秒	T$_2$ 间隔	T$_2$ 低压侧甲后备保护装置	母线速断长时 间闭锁告警
2012 年 6 月 29 日 3 时 38 分 8 秒 622 毫秒	10kV F$_1$ QF$_{13}$ 馈线	QF$_{13}$ 馈线保护测控装置	母差闭锁
2012 年 6 月 29 日 3 时 38 分 8 秒 677 毫秒	10kV F$_1$ QF$_{13}$ 馈线	QF$_{13}$ 馈线保护测控装置	母差闭锁返回
2012 年 6 月 29 日 3 时 38 分 8 秒 617 毫秒	10kV F$_2$ QF$_{14}$ 馈线	QF$_{14}$ 馈线保护测控装置	母差闭锁
2012 年 6 月 29 日 3 时 38 分 8 秒 704 毫秒	10kV F$_2$ QF$_{14}$ 馈线	QF$_{14}$ 馈线保护测控装置	母差闭锁返回
2012 年 6 月 29 日 3 时 38 分 8 秒 711 毫秒	10kV Ⅰ-Ⅱ甲段备自投间隔	10kV 分段备自投装置 1	备自投动作
2012 年 6 月 29 日 3 时 38 分 8 秒 711 毫秒	10kV Ⅰ-Ⅱ甲段备自投间隔	10kV 分段备自投装置 1	备自投跳 QF$_2$ 动作
2012 年 6 月 29 日 3 时 38 分 11 秒 811 毫秒	10kV Ⅰ-Ⅱ甲段备自投间隔	10kV 分段备自投装置 1	备自投合 QF$_5$ 动作
2012 年 6 月 29 日 3 时 38 分 8 秒 708 毫秒	10kV Ⅱ乙段-Ⅲ备自投间隔	10kV 分段备自投装置 2	备自投跳 QF$_3$ 动作
2012 年 6 月 29 日 3 时 38 分 8 秒 708 毫秒	10kV Ⅱ乙段-Ⅲ备自投间隔	10kV 分段备自投装置 2	备自投动作
2012 年 6 月 29 日 3 时 38 分 11 秒 808 毫秒	10kV Ⅱ乙段-Ⅲ备自投间隔	10kV 分段备自投装置 2	备自投合 QF$_6$ 动作

1.26.5　现场检查情况

继保人员现场对保护动作信息进行了初步分析，并通过供电分局了解到当晚 F$_1$ 及 F$_2$ 馈线有近区瞬间短路情况，可以判断 F$_1$ 及 F$_2$ 馈线保护均正确动作。

对 T$_2$ 差动保护来说，该故障为区外故障，不应动作。对 T$_2$ 差动保护检查后发现，装置Ⅱ甲侧与Ⅱ乙侧平衡系数不一致，实际Ⅱ甲侧与Ⅱ乙侧均为三角形接线，且变比相同，平衡系数应一致。

进一步检查发现装置"厂家配置"菜单中，有"变压器接线方式"一项，现场整定为"Y/Y/△—11"，与主变实际接线不符，实际接线应为"Y/△/△/11"。

在高压侧和Ⅱ甲侧加入额定平衡电流，装置显示差流 $I_{cd}=0.33A$。整定为"Y/△/△—11"后加入额定平衡电流，装置显示差流为0。

1.26.6 T_2 验收工作存在的问题分析

某110kV变电站验收从2011年2月底开始，3月8—9日开展了 T_2 单机调试验收，当时按设计图纸（即 T_2 差动保护低压侧TA取进线TA）的接线方式调试，只进行变压器高压侧（Ⅰ侧）、变压器低压侧（Ⅲ侧）间的比率差动试验，符合设计要求。4月初由于基建部停止了现场施工及验收工作，间断5个月后在同年9月2日重新开始验收工作，并对之前验收已经存在的问题进行了复检，9月21日现场验收人员发现 T_2 差动保护存在保护死区，并提出差动保护与低后备保护TA交叉接线取向，得到设计部门和厂家确认，于10月初完成接线更改工作。10月17日完成该主变380V短路试验。由于380V短路试验电流较小（高压侧一次电流为7A，二次电流为9mA；低压侧一次电流为75A，二次电流为15mA，计算差流值为10mA），装置差流显示为0.01A，只能检验主变各侧外回路TA变比及极性的正确性，未能从装置中检查出差流的正确性。而厂家人员在确认更改外回路后未对其相应的厂家设置进行更改，也未通知验收人员补充试验相关项目，给这次事故发生埋下了安全隐患。

针对验收存在的问题，查阅了相关验收资料，发现如下问题：

（1）查阅班组验收作业表单及验收文档，虽严格按照表单要求执行验收任务，但在设计变更后未补充相关检验，且在380V升流试验、送电时六角图测试中均因一次电流小而未发现该隐患。

（2）针对第（1）点问题，仔细检查班组验收表单及相关验收文档发现，主变保护装置验收作业表单均无"检查主变接线方式"项。因此某110kV变电站 T_2 保护该参数的厂家内部设置与外回路的对应关系不一致时未引起验收人员注意，未在改变变压器低压侧TA取向后同步修改该参数并补充相关检验项目。

（3）查阅2010年主变保护装置验收表单及相关验收文档发现均有六角图测试和"检查主变差动保护差流"项，但均未留有差流数据，故未能通过验收作业表单或验收文档查阅送电测六角图时的差流值大小，给事故分析带来一定难度。

（4）针对主变保护差流记录不全的现状，根据某110kV变电站 T_2 送电时的六角图测试报告，7月3日在某110kV变电站同类型厂家保护装置进行了测试，并用厂家计算软件手动计算，证实六角图测试为0.03A，即验收人员在某110kV变电站 T_2 送电带六角图测试时误将0.03A作为零漂值而忽视了隐患。

（5）工程时间跨度长，验收、施工、厂家人员变动较大，容易产生工程验收衔接问题。

1.26.7 T₂保护动作原因判断

（1）主要原因。主变低压侧外回路更改后未同步更改"主变接线方式"厂家设置，未补做相关试验是本次事故发生的主要原因。

（2）直接原因。主变保护主变接线方式设置错误是导致主变差动保护误动的直接原因。10kV F_1 及 F_2 均挂在 10kV Ⅱ甲段母线，3 时 38 分同时发生近区故障，此时有很大的穿越性故障电流流过 T_2。差动保护接线方式设置错误，导致软件在计算时出现较大差流，超过比率差动动作门槛定值 0.36A（二次值），差动保护动作，跳开主变三侧断路器。

（3）间接原因。装置上送"差流越限"等告警信息到后台装置，只设置长延时硬信号，未能实时跟随保护装置实时报送的软报文信息，导致主变轻载运行时未能实时记录差流越限，是导致主变差动保护误动的间接原因。该装置告警并上送"差流越限"的条件为：超过差流越限定值 0.11A（二次值），且保持 10s。如未达到 10s，装置告警灯不亮，报文仅保存在装置"差流越限记录"中而不上送。由于某 110kV 变电站负荷较轻，正常运行时三侧电流仅高压侧一次电流为 64A（二次电流为 0.08A）、变压器低压侧甲侧一次电流为 400A（二次电流为 0.09A）、变压器低压侧乙侧一次电流为 250A（二次电流为 0.05A），差流值为 0.03～0.04A，装置无法告警，也易使巡视人员误认为是装置零漂值，难以正确识别差流异常情况。

1.26.8 暴露的问题

（1）施工人员思想麻痹、安全意识不够，对保护装置功能不熟悉，未能发现并对变压器接线方式进行正确设置，也未能在投产时及时发现差流异常情况。

（2）保护装置设计不合理，主变接线方式配置和保护定值在不同菜单内，导致整定人员、执行人员容易忽略"主变接线方式"参数，从而造成漏整定，也难以发现该项设置的错误。

（3）保护装置"差流越限"告警上送延时过长，在主变轻载情况下无法正确将该异常信息上送至后台机。

（4）继保人员对该保护装置不够熟悉，验收过程中不够细致严谨，未能做好验收。

1.26.9 整改措施

（1）对该类主变保护装置进行全面核查整改。

（2）加强对现场施工的管理。对工程中的关键技术问题提前向施工单位交底，进一步完善验收作业表单，在主变保护验收作业单中增加"检查主变接线方式设置与外回路接线一致"项，并备注改变主变主保护各侧 TA 接线方式后，要补充差动保护单机试验。确保在施工及调试过程中不错项、漏项。

（3）加强技术培训，尤其加强现场验收人员、施工人员对保护装置的培训，梳理各厂家产品的装置配置参数，定期发送给现场施工人员和现场验收人员。

（4）继保人员在设备投产前应加强保护装置采样值的检查，核实 TA 变比、平衡系数等装置参数。

（5）建议启动方案增加主变保护（包括光差或母差保护）差流项检查，单列一项，并记录差流值。

（6）加强专业管理人员对基建工程现场的监督及技术指导力度，对于全站改造的项目，相关项目负责人每周去现场的次数不少于2次。

（7）加强对现场厂家人员现场工作的监督力度，保留厂家现场工作作业表单的确认记录，随同工程验收资料一同存档。

（8）对验收时间超过3个月的工程，尤其是相关人员变动后，复检前应做好验收交接工作，补充验收相关项目。

（9）要求各厂家提供不同类型保护内部设置参数清单，并加强对继保人员的相关培训。

（10）在××型保护装置右上角粘贴"保护定检、TA回路改动或CPU更换后应检查'主变接线方式'参数设置，并进行主变电流平衡试验"警示牌。

（11）建议相关工程部门统筹好各类设备的验收工期安排，减少验收工期过长导致现场验收变数而导致验收不到位或交接不善等所带来的隐患。

1.27 10kV线路断路器因跳闸回路松动拒动导致主变保护动作跳闸

1.27.1 故障前运行方式

某220kV变电站，T_1带10kV I 段母线运行，T_2带10kV II甲、II乙段母线运行，T_3带10kV III段母线运行；10kV分段断路器QF_5、QF_6热备用；QF_5、QF_6备自投处于充电状态；其中10kV F_1馈线QF_8断路器挂10kV I 段母线运行，10kV接地变T_4挂10kV I 段母线运行。一次接线图见图1-75。

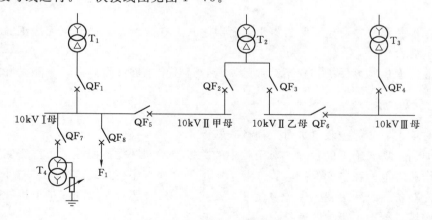

图1-75 一次接线图

1.27.2 保护动作及断路器跳闸情况

2012年6月3日1时41分30秒，10kV F_1馈线QF_8断路器保护A、C相过流 II 段保护动作，故障电流为 29.13A（二次值），QF$_8$ 断路器未能跳开；随后，该保护 A、B、C 相过流Ⅲ段保护动作，故障电流为 47.59A（二次值），QF$_8$ 断路器仍未跳开。

2012 年 6 月 3 日 1 时 41 分 31 秒，T$_1$ 保护复压过流Ⅰ段第二时限保护动作，故障电流为 A 相电流 1.86A（二次值），B 相电流 10.89A（二次值），C 相电流 9.36A（二次值），T$_1$ 低压侧 QF$_1$ 断路器跳闸，10kV Ⅰ段母线失压。

1.27.3 保护配置

保护配置情况见表 1-24。

表 1-24 保护配置情况表

序　号	间　隔	投 产 日 期
1	QF$_8$ 断路器保护	2008 年 9 月
2	接地变 T$_4$ 保护	2001 年 6 月

1.27.4 保护动作信息

保护动作报文信息见表 1-25。

表 1-25 保护动作报文信息

保护间隔	时间	动作电流（一次值）/A	动 作 情 况
F$_1$ 馈线	2010 年 6 月 3 日 1 时 41 分 29 秒 857 毫秒	—	保护启动
F$_1$ 馈线	2010 年 6 月 3 日 1 时 41 分 30 秒 463 毫秒	5826	A、C 相过流Ⅱ段保护动作
F$_1$ 馈线	2010 年 6 月 3 日 1 时 41 分 30 秒 960 毫秒	9518	A、B、C 相过流Ⅲ段保护动作
T$_1$ 低压侧	2010 年 6 月 3 日 1 时 41 分 30 秒 650 毫秒	—	低压侧后备保护启动
T$_1$ 低压侧	2010 年 6 月 3 日 1 时 41 分 31 秒 986 毫秒	1860/10890/9360	低压侧过流Ⅰ段第二时限保护动作

1.27.5 现场检查及处理情况

继保人员现场对保护动作信息进行初步分析后，可以确定 T$_1$ 保护和 F$_1$ 馈线保护均正确动作，并且 T$_1$ 低压侧 QF$_1$ 断路器保护动作是由 F$_1$ 馈线 QF$_8$ 断路器未跳引起的。

为了确定 F$_1$ 馈线 QF$_8$ 断路器未动的原因，继保人员对保护装置进行了保护定值核对和逻辑试验。在试验中，发现当 F$_1$ 馈线 QF$_8$ 断路器保护跳闸时，出口压板上端无电位。经检查发现，该压板上端连接至端子排"11D-43"位置的厂家线接线松脱（图 1-76），所以保护动作无法经跳闸压板出口，导致 QF$_8$ 断路器未能跳开。

1.27.6 QF₈ 开关柜拒动原因的初步判断

（1）10kV Ⅰ段断路器设备在改造时取消了消弧系统，因此拆除了消弧跳闸回路；由于原消弧跳闸回路与保护跳闸出口回路并接在端子排的"11D-43"位置，在拆除外部跳闸回路二次接线时导致原厂家线的"11LP1-1"二次接线松脱。

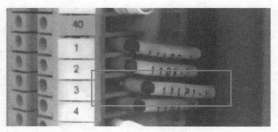

图 1-76 F₁ 馈线保护端子排接线松脱

（2）该站 10kV Ⅰ段开关柜改造后于 2012 年 4 月 28 日投入运行，保护运行正常；由于保护跳闸回路串接在跳闸监视回路上，即使保护跳闸回路存在无电位的隐患，保护装置也无法发出任何报警信号，因此给运行监视带来一定隐患。

1.27.7 暴露的问题

（1）此次某 220kV 变电站一次、二次设备改造工程只对一次设备进行更换，保护装置未作任何变动，厂家内部二次接线也未有任何改动，只更换了保护屏至开关柜的二次电缆，因此施工单位相关安装人员在思想上只重视对外回路二次接线的紧固，在拆除旧线后未能对原有厂家接线进行检查和紧固，是造成 F₁ 线路故障后未能跳开的直接原因。

（2）继保验收人员在验收过程中将重心放在了新接入的二次电缆上，未能将厂家内部二次接线一一检查、紧固，未能及时发现二次设备隐患，是造成 F₁ 线路故障时，保护动作后断路器未能跳开的间接原因。

1.27.8 防范措施

（1）检查发现该问题后，重新紧固 F₁ 保护屏内松脱的厂家接线，并紧固该保护屏的所有二次接线，防止同类问题再次发生。

（2）根据保护定值单对保护装置和断路器设备的功能进行试验，试验结果表明，保护装置动作正确，断路器跳合闸功能完好，保护断路器传动正常，可以投入运行。

（3）对所有的 10kV 断路器保护跳闸出口压板进行电位测量，并检查和紧固全部二次接线，未发现其他间隔有类似情况发生。

（4）建议新投设备后，继保人员会同运行人员对投运后的保护跳闸出口压板进行电位检查。

（5）建议运行人员定期对正常运行的保护出口压板进行电位测量，以检查跳闸回路的完好性。

（6）严把验收质量关，严格执行验收作业表单，保证二次回路完好、可靠、安全运行。

1.28　多条馈线相继故障引起主变低后备保护越级跳闸

1.28.1　故障前运行方式

某 110kV 变电站，110kV 甲线经桥路 QS₁ 隔离开关供某 110kV 变电站 T₂、10kV Ⅰ 段、Ⅱ甲段母线运行。10kV 母联断路器 QF₅ 运行；110kV 乙线供 T₃、10kV Ⅲ段母线运行。10kV 母联断路器 QF₆、Ⅱ乙段母线热备用状态。桥路 QS₂ 隔离开关拉开。T₁ 热备用。F₁～F₈ 馈线挂 10kV Ⅰ段母线运行。一次接线图见图 1-77。

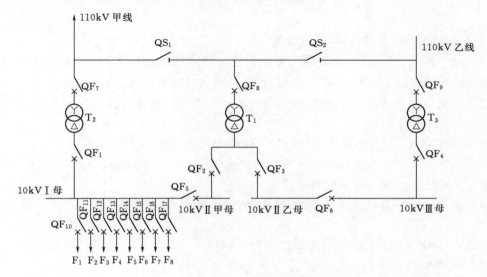

图 1-77　一次接线图

1.28.2　故障发生及过程处理

2006 年 5 月 2 日 14 时 24 分，同杆架设的 10kV F₁、F₂、F₃ 线路相继发生故障，巡检人员记录的保护动作信息如下：2006 年 5 月 2 日 14 时 24 分 20 秒 201 毫秒，F₁ 过流速断保护动作跳开 QF₁₀ 断路器（重合闸不投）；2006 年 5 月 2 日 14 时 24 分 20 秒 420 毫秒，F₂ 瞬时电流速断保护动作跳开 QF₁₁ 断路器（重合闸不投）；2006 年 5 月 2 日 14 时 24 分 20 秒 730 毫秒，F₃ 限时速断保护动作，4s 后重合闸成功；2006 年 5 月 2 日 14 时 24 分 20 秒 735 毫秒，T₂ 低压侧后备保护复合电压过流Ⅲ段保护动作跳 QF₂ 断路器。

16 时 00 分，将 10kV Ⅰ段、Ⅱ甲段母线及 F₁、F₄、F₅、F₇、F₈ 由运行转热备用。17 时 38 分，将 10kV Ⅰ段、Ⅱ甲段母线由热备用转冷备用。19 时 48 分，将 10kV Ⅰ段、Ⅱ甲段母线由热备用转运行。23 时 15 分，将 10kV F₃ 正常送电。

保护动作报告以及动作信号的全面记录如下：

（1）T₂ 低压侧 QF₂ 后备保护动作信息：2006 年 5 月 2 日 14 时 24 分 20 秒 735 毫秒，Ⅲ段复压闭锁过流保护动作，A、B、C 相跳闸，$I_b = 31.01A$（二次值，折算成一次值为

18606A)。T_2 高压侧后备保护告警信息：2006 年 5 月 2 日 14 时 24 分 20 秒，过负荷闭锁有载调压保护动作，动作电流为 14.51A。

（2）10kV F_1、F_2、F_3 保护动作详细信息。2006 年 5 月 2 日 14 时 24 分 20 秒 201 毫秒，F_1 过流速断保护动作跳开 QF_{10} 断路器（重合闸不投）；2006 年 5 月 2 日 14 时 24 分 20 秒 420 毫秒，F_2 瞬时电流速断保护动作跳开 QF_{11} 断路器（重合闸不投）；2006 年 5 月 2 日 14 时 24 分 20 秒 730 毫秒，F_3 限时速断保护动作，4s 后重合闸成功。巡线人员检查报告，当时为雷雨天气，雷击导致同杆架设的 10kV F_1、F_2、F_3 线路相继故障跳闸（故障点距离变电站约 250m）。

1.28.3　结论

1.28.3.1　10kV F_3 QF_{12} 断路器拒动检查

（1）检查结果表明，F_3 馈线 QF_{12} 断路器跳闸线圈动作电压为 95V（小于 50% U_n），可初步排除由该断路器跳闸线圈最低动作电压过高而引起拒动的可能。

（2）就地、远方分合 QF_{12} 断路器，断路器动作正常，控制回路完好，监视回路无异常（红、绿灯显示正确）。

（3）用保护测试仪模拟故障，10kV F_3 馈线 QF_{12} 断路器保护动作正确。

（4）检查重合闸定值为检母线无压，由此可进一步证明该线路重合闸发生在 QF_2 跳开后Ⅰ段母线失压，重合闸条件满足后重合。

（5）检查监控后台机及集控工作站记录，QF_{12} 断路器在故障过程中有分闸及重合闸记录。

结论：10kV F_3 馈线 QF_{12} 断路器拒动的可能性不大，检查发现其断路器在合位，原因是故障跳闸 4s 后重合成功。

1.28.3.2　T_2 低压侧后备保护越级跳闸检查

（1）T_2 低压侧 QF_2 后备保护Ⅲ段复压闭锁过流保护（反措新增的速切段）动作正确，二次故障电流 $I_b=31.01A$，远远超过整定电流值（16.5/9900A），0.5s 跳开 QF_2 断路器属于正确动作。

（2）检查 T_2 低压侧 QF_2 后备保护定值，复压过流Ⅰ段保护定值为 5.8A、1s 跳 QF_5 断路器；复压过流Ⅱ段保护定值为 5.8A、1s 跳断路器 QF_2；与定值单整定相符。

结论：T_2 低压侧 QF_2 后备保护Ⅲ段复压闭锁过流保护是在 F_3 重合闸动作合上 QF_{12} 断路器之前动作的，在保护动作配合上可排除越级跳闸的可能。在同杆架设的三回线路相继故障的过程中故障电流持续时间有可能超过 500ms，此时已满足 QF_2 保护动作的条件。

1.29　直流接地故障引起主变本体压力释放保护误动作

1.29.1　故障前运行方式

110kV 甲线（T）带 T_1，T_1 带 10kV Ⅰ段母线；110kV 乙线（T）带 T_2，T_2 带Ⅱ甲

段、Ⅱ乙段母线；110kV丙线（T）带 T_3，T_3 带Ⅲ段母线运行。QF_5、QF_6 断路器在热备用状态。一次接线图见图1-44。

1.29.2 设备配置

1.29.2.1 非电量保护

非电量保护定值整定情况见表1-26。

表1-26　　　　　　　　　　　　非电量保护定值整定情况表

保护名称	T_3 非电量保护	投产时间	2013年4月15日
装置参数	现场整定	TA变比	—
相关保护定值整定	本体重瓦斯保护跳主变各侧，本体轻瓦斯保护发信；有载重瓦斯保护跳主变各侧，有载轻瓦斯保护发信		

1.29.2.2 QF_5 备自投

QF_5 备自投保护定值整定情况见表1-27。

表1-27　　　　　　　　　　QF_5 备自投保护定值整定情况表

保护名称	10kV QF_5 备自投	投产时间	2013年4月15日
装置参数	现场整定	TA变比	变压器低压侧TA为5000/1；QF_5 TA为5000/1
相关保护定值整定	时间定值 T_1（跳 T_1 进线断路器延时）=3s； 时间定值 T_2（跳 QF_2 进线断路器延时）=3s； 时间定值 T_3（方式1、4、5、6合母联断路器延时）=0.2s； 时间定值 T_{13}（方式5跳 T_2 分支断路器延时）=0.15s（跳 QF_2）； 电流定值 I_{dzjx1}（进线1过负荷电流定值）=3.3kA； 电流定值 I_{dzjx2}（进线2过负荷电流定值）=3.3kA； 过负荷闭锁延时为5s		

1.29.2.3 QF_6 备自投

QF_6 备自投保护定值整定情况见表1-28。

表1-28　　　　　　　　　　QF_6 备自投保护定值整定情况表

保护名称	10kV QF_6 备自投	投产时间	2013年4月15日
装置参数	现场整定	TA变比	变压器低压侧为5000/1；QF_6 TA为5000/1
相关保护定值整定	时间定值 T_1（跳 T_3 进线断路器延时）=3.5s； 时间定值 T_2（跳 T_2 低压侧 QF_3，进线断路器延时）=3.5s； 时间定值 T_3（方式1、4、5、6合母联断路器延时）=0.2s； 时间定值 T_{13}（方式5跳 T_2 分支断路器延时）=0.15s（跳 T_2 低压侧 QF_3）； 电流定值 I_{dzjx1}（进线1过负荷电流定值）=3.3kA； 电流定值 I_{dzjx2}（进线2过负荷电流定值）=3.3kA； 过负荷闭锁延时为5s		

1.29.3 保护动作过程

2014 年 5 月 31 日 12 时 48 分 26 秒，T_3 本体压力释放保护动作，跳开 T_3 两侧 QF_9、QF_4 断路器；2014 年 5 月 31 日 12 时 48 分 26 秒 167 毫秒，QF_6 备自投保护启动，合上 QF_6 分段断路器，并启动均分负荷跳开 QF_2 断路器；2014 年 5 月 31 日 12 时 48 分 30 秒 163 毫秒，QF_5 备自投保护启动，合 QF_5 分段断路器成功。

根据现场的相关记录和保护的动作情况，绘制事件过程时序图，见图 1-78。

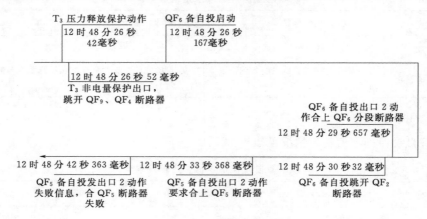

图 1-78　事件过程时序图

1.29.4 保护动作信息

1.29.4.1 T_3 保护动作情况

T_3 保护动作报文信息见表 1-29。

表 1-29　　　　　　　　　　　T_3 保护动作报文信息

发生时间	事件类型	备　　注
2014 年 5 月 31 日 12 时 48 分 26 秒 42 毫秒	本体压力释放保护（合）	
2014 年 5 月 31 日 12 时 48 分 26 秒 47 毫秒	本体压力释放保护动作	
10ms	非电量跳闸出口	压力释放保护动作跳开 QF_9、QF_4 断路器

1.29.4.2 10kV QF_6 备自投保护动作情况

QF_6 备自投保护动作报文信息见表 1-30。

表 1-30　　　　　　　　　　　QF_6 备自投保护动作报文信息

发生时间	事件类型	备　　注
2014 年 5 月 31 日 12 时 48 分 26 秒 167 毫秒	（QF_6 备自投）保护启动	
3490ms	出口 12 动作（动作）	跳 QF_4 断路器出口动作
3550ms	出口 12 动作（返回）	收到 QF_4 断路器跳位，继电器返回

发生时间	事件类型	备　注
3675ms	出口 2 动作（动作）	合 QF$_6$ 断路器出口动作
3718ms	开入 X2-7（分）	
3735ms	出口 2 动作（返回）	收到 QF$_6$ 断路器合位，继电器返回
3865ms	出口 7 动作（动作）	跳 QF$_2$ 断路器出口动作

1.29.4.3　10kV QF$_5$ 备自投保护动作情况

QF$_5$ 备自投保护动作报文信息见表 1-31。

表 1-31　　　　　　　　　QF$_5$ 备自投保护动作报文信息

发生时间	事件类型	备　注
2014 年 5 月 31 日 12 时 48 分 30 秒 163 毫秒	（QF$_5$ 备自投）保护启动	
2990ms	出口 13 动作（动作）	跳 QF$_2$ 断路器出口
3050ms	出口 13 动作（返回）	QF$_2$ 断路器分位，继电器复归
3175ms	出口 2 动作（动作）	合 QF$_5$ 断路器出口

1.29.4.4　故障录波情况

故障录波装置检查结果与本次事故中有关保护的动作情况相符。事故发生时，T$_3$ 高压侧、低压侧的电压、电流无异常；QF$_9$ 断路器、QF$_4$ 断路器、本体压力释放保护动作的开关量均正确。故障录波情况见图 1-79。

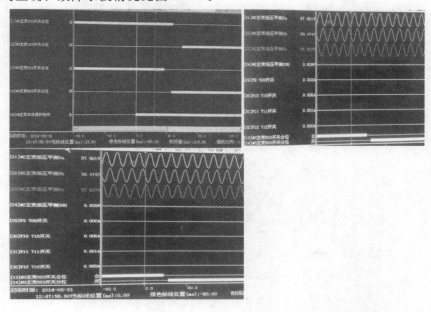

图 1-79　故障录波情况

1.29.5 现场检查及处理情况

（1）保护定值整定正确。

（2）压板投入。检查发现 T_3 保护本体压力释放功能压板在投入状态，见图1-80。

图1-80 T_3 压力释放保护压板在投入状态

（3）二次回路。

1）压力释放保护二次回路检查。检查发现 T_3 压力释放阀的二次接线盒进水严重，二次回路绝缘为0（500V试验电压），事故后压力释放保护一直处于动作状态。解下所有接线端子，用干净抹布清洁压力释放阀插头，并用电热风筒对其进行干燥处理，重新紧固端子后进行绝缘试验，绝缘电阻大于 $100M\Omega$，故障解除，压力释放保护的二次回路绝缘恢复正常，压力释放保护接点复归。压力释放阀二次接线盒受潮及处理情况见图1-81。

（a）二次接线盒内部进水受潮

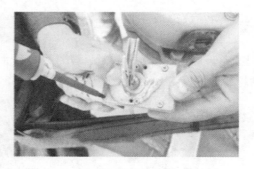

（b）二次接线端子头部外观锈蚀

（c）对二次接线盒进行干燥处理

图1-81 压力释放阀二次接线盒受潮及处理情况

2）QF_5 断路器二次回路检查。在进行 QF_5 备自投模拟试验后，检查整个 QF_5 断路器合闸回路（包括断路器机构内部）并紧固端子和连接片，未发现异常。

1.29.6　断路器和保护检修及预试情况

2013年，某110kV变电站完成易地重建并投产；T₃及10kV备自投均有合格的投运前试验报告；2014年2月24日，T₃首年定检合格；10kV QF₅、QF₆备自投尚未开展首年定检。

1.29.7　事故原因分析

1.29.7.1　直接原因

T_3本体压力释放阀二次接线插头端子盒内部进水，受潮严重，导致本体压力释放保护动作接点接通。

1.29.7.2　间接原因

（1）某110kV变电站T_1、T_2、T_3主变本体压力释放保护功能压板实际上是投入并启动跳闸。根据相关规范主变压力释放投信号。

（2）T_3压力释放阀二次接线插头端子盒密封性能差，未安装防雨罩，近来天气高温多雨时有交替，密封胶垫的热胀冷缩变化频繁，加剧了胶垫的老化程度，引起设备进水受潮。

1.29.7.3　管理原因

（1）施工及验收人员把关不严，投运前向运行技术交底不清晰，造成某110kV变电站T_3本体压力释放保护功能压板未按照相关规范要求退出。

（2）继保人员对相关规范不熟悉，导致在定检及迎峰度夏检查过程中未能及时发现压力释放功能压板误投入。

（3）验收人员对二次端子接线盒密封性能关注度不足，未能提出加装防雨罩的需求。

1.29.8　暴露的问题

（1）维护人员对技术规范不熟悉，在T_3新建验收期间没有很好地理解相关规范关于压力释放阀保护功能投退的要求，存在对规程规范执行不到位的问题。

（2）验收人员对二次端子接线盒密封性能关注度不足。T_3压力释放阀露天安装且无防雨罩，其二次接线盒渗水严重（图1-82）。由于近几年未有这方面的问题发生且接线盒安装位置比较隐蔽，维护人员在主变投产验收时对此没有足够的预见性，未提出加装压力释放阀防雨罩的要求。

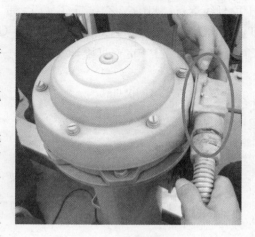

图1-82　压力释放阀布局现状

（3）技术培训力度未能满足实际工作需求。一是近几年规程规定推陈出新步伐较快，且不同层级、各类规程未有很好的整合；二是人员变化较大，工学矛盾突出，相关宣贯培训工作不到位。

（4）各级管理人员对现场作业效果的指导和监督的力度不足。

1.29.9 防范措施

（1）按相关规范要求全面检查并整改各变电站主变压力释放保护投退情况，防止压力释放保护误投跳闸。

（2）加强继保人员规程规定宣贯培训力度。近期将补充对相关规范关于主变非电量保护配置部分进行宣贯培训，并重新梳理完善相关设计审图、交接验收、保护定检、专业巡视等作业表单，使规范执行进一步落地在相关的作业表单中。

（3）加强继保专业对一次设备出厂验收的关注度，对一次设备附属继电器及二次端子盒密封措施等进行严格验收把关，形成出厂验收表单和技术规范书。

（4）在全所范围内，利用停电机会，检查一次设备二次回路接线盒的密封性，进行防雨罩加装及密封处理工作。

（5）将一次设备二次回路接线盒密封性能检查纳入相关作业表单。

（6）管理人员每周至少一次对现场作业过程和结果进行指导和监督，重点对作业的规范性以及作业的质量（包括试验报告、压板投退情况、定值执行情况、巡视结果等）进行检查。

（7）建议探讨二次接线盒的密封面设计，提高二次接线盒的密封性能。

1.30 馈线保护压板锈蚀拒动导致主变后备保护越级跳闸

1.30.1 故障前运行方式

某 110kV 变电站进线侧采用线变组接线方式，事故前 110kV 甲线带 T_1，T_1 带 10kV Ⅰ 段母线运行；110kV 乙线带 T_2，T_2 带 Ⅱ 甲段、Ⅱ 乙段母线运行；110kV 丙线带 T_3，T_3 带 Ⅲ 段母线运行；10kV 分段断路器 QF_5、QF_6 在热备用状态；10kV F_1 馈线 QF_{10}，C_1 电容器 QF_{11} 挂 10kV Ⅲ 段母线运行。一次接线图见图 1-83。

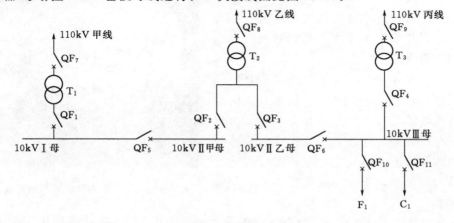

图 1-83 一次接线图

1.30.2 故障概况

2014 年 6 月 16 日 17 时 44 分 11 秒，某 110kV 变电站 10kV F_1 馈线发生 AC 相短路故障，F_1 馈线 QF_{10} 断路器过流保护Ⅰ、Ⅱ、Ⅲ段动作，重合闸保护动作，QF_{10} 断路器拒动。某 110kV 变电站 110kV T_3（低压侧带 F_1 馈线）低后备复压过流保护Ⅰ、Ⅱ段，高后备复压过流保护Ⅰ段动作，越级跳开 T_3，导致 10kV Ⅲ段母线失压，损失负荷 31.6MW。

事后经调查，QF_{10} 断路器拒动的原因为 QF_{10} 断路器保护跳闸出口压板连接片严重腐蚀，压板电阻显著增大，保护跳闸继电器开出后，回路不能导通，不能励磁跳闸线圈而导致断路器拒动。F_1 馈线 QF_{10} 断路器保护曾于 2012 年 6 月 27 日做过定检，保护断路器传动正常，至本次事件发生期内回路上未有任何操作。

1.30.3 保护动作行为分析

1.30.3.1 10kV F_1 馈线 QF_{10} 断路器保护动作情况

后台报文如下：17 时 44 分 11 秒 845 毫秒，QF_{10} 断路器过流Ⅰ段保护动作；17 时 44 分 12 秒 26 毫秒，QF_{10} 断路器过流Ⅱ段保护动作；17 时 44 分 12 秒 524 毫秒，QF_{10} 断路器过流Ⅲ段保护动作；17 时 44 分 17 秒 242 毫秒，QF_{10} 断路器重合闸保护动作，无 QF_{10} 断路器位置变位信息。

1.30.3.2 T_3 保护动作情况

17 时 44 分 13 秒 221 毫秒，T_3 低压侧后备复压过流Ⅰ段保护动作，动作相别为 A、C 相，动作二次电流为 5.15A（一次值为 1.54kA），大于Ⅰ段整定值 1.16A，动作跳 QF_6 断路器并闭锁 QF_6 备自投。

17 时 44 分 13 秒 519 毫秒，T_3 低压侧后备复压过流Ⅱ段保护动作，动作相别为 A、C 相，动作二次电流为 5.21A，大于Ⅰ段整定值 1.16A，动作跳 QF_4 断路器。

17 时 44 分 13 秒 520 毫秒，T_3 高压侧后备复压过流Ⅰ段保护动作，动作相别为 A、B、C 相，动作二次电流为 2.51A，大于整定值 0.56A，动作跳 QF_9 断路器、QF_4 断路器。

本次保护动作过程为：10kV F_1 馈线发生 AC 相间短路故障，QF_{10} 断路器过流Ⅰ段、过流Ⅱ段、过流Ⅲ段保护动作后，断路器拒动，跳闸失败，T_3 高压侧、低压侧后备保护越级动作跳开 T_3 高压侧 QF_9 断路器、低压侧 QF_4 断路器，造成 10kV Ⅲ段母线失压。整个过程保护动作行为正确。

1.30.4 事故现场调查

事故发生后，值班人员检查现场发现 QF_{10} 断路器处于合位，事故处理时值班人员在集控中心站集控机远方分闸成功，说明手动跳闸回路正常（保护跳闸回路、"其他保护跳闸"回路及手动跳闸回路共用同一跳闸操作励磁回路）。

继保人员现场检查过程如下：

（1）断路器分闸状态，在保护装置背面短接"其他保护跳闸"开入端子与正电，此时 QF_{10} 断路器跳闸成功。证明"其他保护跳闸"回路正常。基于以上试验，确定本次断路器拒动的故障区域为 QF_{10} 断路器保护装置内部继电器至跳闸压板下端出线之间的回路。

（2）断路器合闸状态，用继保试验仪模拟短路电流量，使 QF_{10} 断路器保护动作，装置继电器动作，但断路器未能传动，从而重现了事件故障。

（3）断路器分闸状态，用继保试验仪模拟短路电流量，继保人员用万用表对地测量保护跳闸压板电压，以确认继电器是否有正电开出，表笔点到压板时，保护装置动作成功跳开 QF_{10} 断路器。而后进行了近 10 次模拟试验，断路器传动均成功。

（4）解开压板，发现跳闸压板连片腐蚀严重（10kV 高压配电室内所有压板均受到相近程度的腐蚀），且发现压板上端子缺少一个内垫片（正常内外均有垫片）。怀疑压板受腐蚀及缺少内垫片可能导致压板接触不良。

（5）重新恢复压板投入，断开操作电源，在压板背部接线头处测量电阻值为无穷大（图 1-84），证实压板接触不良。再次进行模拟短路试验，断路器跳闸失败。此时判断为保护出口压板接触不良导致 QF_{10} 断路器拒动。

（6）对保护出口压板进行除锈处理并加入压板上端子内垫片（图 1-85），在压板背部接线头处测量电阻值接近为 0。进行数次试验断路器均传动成功。

图 1-84　压板两端电阻为无限大　　　　　图 1-85　除锈处理后的跳闸出口压板

（7）6 月 16 日 19 时 32 分，某 110kV 变电站 110kV T_3 及 10kV Ⅲ段母线恢复运行。

（8）6 月 17 日，对 10kV 高压配电室内所有运行压板进行电压测量，发现其中有两个压板存在压差大的现象（某 110kV 变电站为 110V 直流系统，两个压板的压差分别达到 40V、10V）。

基于以上试验过程，QF_{10} 断路器拒动的原因为保护出口压板接触不良致保护跳闸回路异常。而保护出口压板接触不良的因素可能为：①压板连片腐蚀严重，连片与端子接触电阻增大；②压板上端子缺少一个内垫片，引起接触不良。具体因素需经过试验证明。

1.30.5　现场模拟试验

为确定压板接触不良的原因，6 月 18 日将某 110kV 变电站 10kV C_1 电容器停电转冷备用，对 QF_{11} 断路器保护回路压板进行模拟试验。

1.30.5.1 试验准备

在某 110kV 变电站 10kV 高压配电室抽取若干备用压板连片进行试验（因运行环境、时间及压板材质一致，各备用压板与本次事件的故障压板腐蚀严重程度相近，可作为模拟试验样本）。另外，从某 110kV 变电站 110kV 继保室抽取备用压板做对比试验（110kV 继保室压板与 10kV 高压配电室压板为同厂家、同型号压板，投运时间相同，由于运行环境不同，110kV 继保室压板无腐蚀现象）。

1.30.5.2 试验过程

（1）实验条件为两个因素同时满足，完全模拟事件发生时的压板状况，即用腐蚀压板连片，不装压板内垫片。试验结果为：测量压板两端电阻约为 25.75MΩ；压板下端电压为 −62.9V，上端电压为 −54.6V，电压差为 8.3V；模拟故障低电压，保护动作，断路器拒动。试验结果与真实事件一致。

（2）试验条件为仅满足无内垫片一个因素，即用 110kV 继保室无腐蚀压板连片，不装压板内垫片。试验结果为：测量压板两端电阻为 2.9Ω；压板下端电压为 −62.9V，上端电压为 −62.9V，电压差为 0；模拟故障低电压，保护动作，断路器跳开。试验结果与真实事件相悖。

（3）试验条件为仅满足压板腐蚀一个因素，即用（1）中的腐蚀压板连片，加装压板内垫片。试验结果为：测量压板两端电阻约为 25.84MΩ；压板下端电压为 −63.0V，上端电压为 −56.1V，电压差为 6.9V。模拟故障低电压，保护动作，断路器拒动。试验结果与真实事件一致。

1.30.5.3 试验结论

压板连片腐蚀严重，连片与端子接触电阻增大，是本次某 110kV 变电站事件断路器拒动的根本原因。

因 10kV 高压配电室保护压板连片腐蚀程度存在细微差别，在选择腐蚀压板时试验小组经过多次试验，证明缺少压板端子内垫片几乎不影响压板电阻，而压板连片腐蚀程度及腐蚀膜分布情况对接触电阻有直接影响。连片接触位置腐蚀越严重、锈膜覆盖越全面，则接触电阻越大（压板两端压差越大）。继保室无腐蚀压板与 10kV 高压配电室腐蚀压板对比图见图 1−86（压板均为同一厂家型号、同时间投运）。

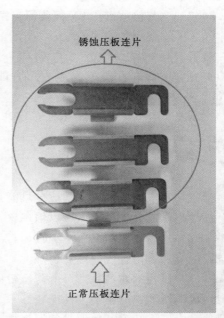

图 1−86 正常压板与锈蚀压板对比图

1.30.6 事件原因

某 110kV 变电站 T_3 后备保护越级跳闸的原因为：某 110kV 变电站 110kV F_1 馈线发生 A、C 相间短路，由于断路器保护跳闸出口压板连接片腐蚀严重，压板电阻显著增大，保护跳闸继电器开出后，回路不能导通，不能励磁跳闸线圈而导致断路器拒动。T_3 后备保护动作，越级跳开主变两侧断路器。

1.30.7 事件后的相关调查

1.30.7.1 F_1 馈线 QF_{10} 断路器保护上一次定检情况

F_1 馈线 QF_{10} 断路器保护曾于 2012 年 6 月 27 日做过定检，保护断路器传动正常，至本次事件发生期内回路上未有任何操作。初步估计，从上次定检到本次事件发生期间，由于压板连片腐蚀加重，生成的锈膜完全隔断连片与端子的接触，导致本次事件断路器传动失败。

1.30.7.2 某 110kV 变电站 10kV 高压配电室压板的厂家、材料及环境

经调查，某 110kV 变电站 10kV 高压配电室投运时间为 2003 年。压板连片的材料为 H62 铜（铜含量 62%）镀镍。铜在潮湿空气中会生成铜锈，镍的防腐蚀性能较好。某 110kV 变电站 10kV 高压配电室直至 2013 年下半年才加装空调，在此之前室内气温较高、湿度较大。此外，由于某 110kV 变电站地处海岸线沿线，空气中盐分较高，且地区污染大的企业（如发电厂、造纸厂、玻璃厂等）较多，符合压板连片腐蚀的环境条件。

1.30.7.3 其他站点 10kV 高压配电室压板检查

为了解目前各地区 10kV 高压配电室压板的运行现状，分析影响压板腐蚀的因素，事故后组织对 10 个 220kV 变电站、19 个 110kV 变电站的 10kV 高压配电室压板进行检查，检查内容包括查看压板连片有无腐蚀现象及进行压板两端压差测量，涉及在投运压板 2800 多块。

压差检查结果为：仅发现某 110kV 变电站 1 块压板压差达到 20V（拆下来打磨后再投入，测量电压差为 0），其他压板无明显压差。

外观检查结果为：7 个站共 412 块压板有不同程度的腐蚀现象。

综上，可得出以下初步结论：

（1）空气的腐蚀性化学成分可能是导致压板腐蚀的重要因素，沿海和工业区的空气中腐蚀性化学成分较多，压板腐蚀现象更为普遍。

（2）加装空调的高压室一般为封闭空间，与外界带腐蚀性化学成分的空气交换少，且空调能降低室内空气的温度、湿度，对防压板腐蚀、氧化有一定作用。

（3）压板的腐蚀程度可能与压板所用材料密切相关（H62 铜镀镍，铜在潮湿空气中会生成铜锈，镍的防腐蚀性能较好）。从检查情况来看，其他类型压板也存在压板腐蚀的现象，由于不知道其他型号的压板材料，这一结论还有待进一步研究确认。

由于压板腐蚀性成分化验结果还未完全确定，以上初步结论均有待进一步研究确认。

1.30.7.4 10kV 保护规模及运维现状调查

某电网目前在运行的 10kV 保护约有 3.7 万套，10kV 保护装置的组装模式分为集中式和分散式两种。集中式是保护装置安装在保护室；分散式是保护装置安装在开关柜上，开关柜及其保护集中在一起，安装在高压配电室。分散式保护约占 65%。

经调查，目前供电局对 10kV 保护基本采取以下运维方式：

（1）开展 10kV 继电保护装置状态检验工作，周期为每年一次。检修方式为不停电检

修。检修内容为外观、指示灯状态、压板投退状态、装置采样值、开入量、定值、端子是否紧固等。

（2）取消了10kV保护三年部检、六年全检的按期定检工作。部分单位为投运时首检，之后不再定检；部分单位不再专门申请停电定检，而实行"状态检修＋逢停必检"制度，即对不停电设备进行状态检修，对于有其他工作需要停电的设备，结合停电机会定检。

（3）日常巡视。运行人员对站内的保护设备进行巡视检查，10kV保护巡视周期为每周一次。巡视内容主要以外观检查为主。

（4）专业巡视。继保人员对10kV保护设备进行定期的专业巡视，周期为：220kV变电站的10kV保护每月一次，110kV变电站的10kV保护每年至少一次。专业巡视内容与状态检修内容基本一致。

由于取消了10kV定检，且状态检修不涉及回路完好性检查，10kV保护回路的检查成为盲区（虽然部分单位采取逢停必检的模式，但是不能保证定期检验），维护单位对10kV保护控制回路的状态失去管控，导致不能及时发现回路缺陷，低电压等级断路器拒动事件时有发生。建议在状态检修及专业巡视中增加测量回路电压的辅助手段。

第 2 章

110kV 及以上线路保护跳闸

2.1 启动方案错误引起的 110kV 线路保护跳闸

2.1.1 故障前运行方式

某 220kV 变电站，110kV 甲线由旁路代运行，110kV Ⅰ 段母线带电、Ⅱ 段母线检修，110kV 甲线 QF_2、QF_1 断路器进行 B 相 TA 更换及 QS_1 隔离开关更换工作。

2.1.2 跳闸过程

2004 年 11 月 4 日，110kV 甲线 QF_1 断路器更换 B 相 TA 及 QS_1 隔离开关工作结束，启动人员正在按照启动方案进行操作，当操作进行至由 Ⅱ 段母线向 110kV 甲线 QF_1 断路器带负荷第三次充电，18 时 51 分，在进行切开旁路 QF_2 断路器时，110kV 甲线 QF_1 断路器发生距离 Ⅱ 段保护动作跳闸，跳开 QF_1 断路器，当时重合闸退出运行。

2.1.3 原因分析

此启动方案没有 Ⅱ 段母线 TV 投入运行这项，也就是在 110kV 甲线带负荷时，其保护没有交流电压输入。由于 110kV 甲线在合上断路器后的几秒钟负荷为零，没能发出 TV 断线闭锁，在切开旁路 QF_2 断路器后，110kV 甲线的负荷由零突变至 200A，此时距离保护正确动作。另外，由于 TV 失压引起距离保护闭锁的方法也不合理，投入 TV 才是安全的做法。

2.2 对侧线路断路器爆炸引起断路器保护动作

2.2.1 故障前运行方式

某 220kV 变电站，220kV Ⅰ 段、Ⅱ 段母线经母联断路器 QF_8 并列运行，Ⅰ 段母线连接 T_1 高压侧 QF_1、220kV 甲线 QF_2、T_3 高压侧 QF_6、TV_1 运行；Ⅱ 段母线连接 T_2 高压侧 QF_3、220kV 乙线 QF_4、220kV 丙线 QF_5、TV_2 运行。220kV 母差保护为双母方式运行；220kV 甲、乙线双高频保护，220kV 丙线 QF_5 B 相高频保护，A 相光纤保护和重合闸正常投入运行，220kV 录波器正常投入运行。220kV 旁路断路器 QF_7 热备用。一次接线图见图 2-1。

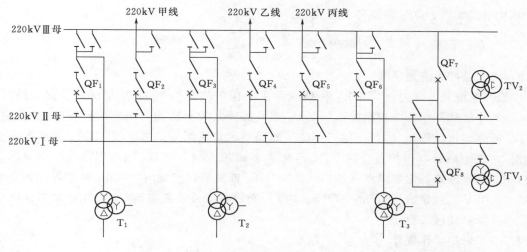

图 2-1 一次接线图

2.2.2 事故发生经过

2008 年 9 月 18 日 16 时 10 分 42 秒，某 220kV 变电站 220kV 乙线主 Ⅰ A 相高频保护（零序方向元件）于 1077ms 动作跳 A 相断路器，且在 1083ms 突变量方向及 A 相高频保护（零序方向元件）动作跳 A、B、C 三相断路器，另外主 Ⅱ B 相高频保护（零序方向元件）和距离方向保护动作跳 A 相断路器，A、B 屏重合闸未动作。显示信息：保护屏（A 相保护屏：操作箱第二组 TA、TB、TC 灯亮；主保护 TA、TB、TC 灯，CH 灯不亮。B 相保护屏：主保护 TA 灯亮，CH 灯不亮）。

2.2.3 事故处理经过

记录故障跳闸时间，检查 220kV 乙线 QF₄ 主 Ⅰ、主 Ⅱ 保护屏及故障录波屏保护跳闸信息及一次设备情况，打印相关保护动作及动作数据后，初步认定 A 相故障导致 A 相高频主保护（零序方向元件）动作，跳 A 相断路器，瞬间主 Ⅰ 的突变量保护和 A 相高频主保护（零序方向元件）动作，跳三相断路器。将检查情况汇报中调后，经中调令对 220kV 乙线 QF₄ 断路器进行第一次试送，变电站值班人员于 18 时 12 分合上 220kV 乙线 QF₄ 断路器，试送成功。

2.2.4 初步原因判断

巡线发现，某 500kV 变电站 220kV 丁线断路器保护动作，A 相断路器跳闸爆炸，引起失灵保护动作，跳开 220kV 乙线断路器，开放某 220kV 变电站 220kV 乙线保护动作。

2.3 污闪引起的 500kV 线路跳闸

2.3.1 事故经过

2009 年 4 月 13 日 15 时 30 分 8 秒，500kV 甲线启动事故音响；15 时 31 分 28 秒

500kV 甲线 QF_1、QF_2 断路器 B 相跳闸，重合成功。

2.3.2 事故现象

2.3.2.1 监控系统光字牌

监控系统光字牌为："500kV 甲线线路主 I 保护跳闸""500kV 甲线后备保护跳闸""500kV 甲线线路主 II 保护跳闸""500kV 甲线故障录波器启动""QF_1 断路器事故音响""QF_1 断路器出口跳闸（第一组）""QF_1 断路器出口跳闸（第二组）""QF_1 断路器保护跳闸""QF_1 断路器保护重合闸""QF_2 断路器事故音响""QF_2 断路器出口跳闸（第一组）""QF_2 断路器出口跳闸（第二组）""QF_2 断路器保护跳闸""QF_2 断路器保护重合闸""500kV 乙线录波器启动""2 号、4 号主变故障录波装置启动""220kV 故障录波启动""故障录波屏二启动"。

2.3.2.2 保护动作信号

（1）主 I 保护。电流差动保护动作，B 相故障，出口时间为 11ms；距离 I 段保护动作，B 相故障，出口时间为 28ms。

（2）主 II 保护。电流差动保护动作，B 相故障，出口时间为 10ms；距离 I 段保护动作，B 相故障，出口时间为 28ms。

（3）后备保护。距离 I 段保护动作，出口时间为 28ms。

（4）QF_1 断路器保护屏。B 相跟跳保护动作，B 相故障，出口时间为 23ms；重合闸动作，出口时间为 1073ms。

（5）QF_2 断路器保护屏。B 相跟跳保护动作，B 相故障，出口时间为 23ms；重合闸动作，出口时间为 1474ms。

2.3.3 处理经过

在监控系统检查重合后 500kV 甲线负荷正常，到继保室观察保护动作信号，与光字牌一致，上报中调，做好记录，打印保护报告并复归信号。

到 500kV 高压场地检查，QF_1、QF_2 断路器三相均在合闸位置，机构储能正常，500kV 甲线运行状态正常，事故相关线路、断路器、连接线均无异常现象。

2.3.4 事故原因

4 月 13 日下午，某 500kV 变电站地区出现雾雨天气，通过分析保护动作和录波报告，判断 500kV 甲线距站 19.6km 范围内线路发生污闪，造成 500kV 甲线 B 相接地，主 I、主 II 及后备保护正确动作，QF_1、QF_2 断路器 B 相跳闸，切除故障电流，后重合成功。

2.4 雷击造成 220kV 线路断路器跳闸

2.4.1 事故经过

2010 年 7 月 26 日 21 时 14 分 39 秒，某 500kV 变电站 220kV 乙线启动事故音响；

220kV 乙线 QF₁ 断路器 A 相跳闸，重合成功。

2.4.2 事故现象

2.4.2.1 监控系统光字牌

监控系统光字牌为："主Ⅰ保护跳闸""主Ⅰ保护重合闸""光纤接口装置故障或异常""光纤装置接口发信""光纤接口装置收信""主Ⅱ保护重合闸""断路器非全相运行""控制回路断线""A相断路器低油压合闸闭锁""油压低禁止重合闸""第一组出口跳闸""第二组出口跳闸""断路器事故音响""线路电压抽取装置失压"。

2.4.2.2 保护动作信号

（1）主Ⅰ保护。电流差动保护动作，出口时间为 13ms；重合闸动作，出口时间为 854ms；故障测距为 31.7km。

（2）主Ⅱ保护。纵联距离保护动作，出口时间为 17ms；纵联零序方向保护动作，出口时间为 17ms；重合闸动作，出口时间为 858ms；故障测距为 31.8km。

2.4.3 处理经过

对监控系统检查发现，220kV 乙线 A 相跳闸，重合成功，到继保室观察保护动作信号，与光字牌一致，上报上级部门，做好记录，打印保护报告并复归信号。

到 220kV 高压场地检查，220kV 乙线断路器三相均在合闸位置，机构储能正常，SF₆ 气体压力正常，站内其他设备运行正常。

2.4.4 事故原因

7月26日21时，地区普遍出现雷雨天气，通过分析保护动作和录波报告，初步判断 220kV 乙线距离 31.7km 处遭雷击，造成 220kV 乙线 A 相接地短路，主Ⅰ、主Ⅱ保护正确动作，220kV 乙线 QF₁ 断路器 A 相跳闸，切除故障电流，重合成功。

2.5 110kV 线路定检未退差动保护引起断路器跳闸

2.5.1 跳闸经过

2011 年 3 月 2 日，某 110kV 变电站进行 110kV 甲线 QF₁ 断路器保护全检工作时，因安全措施实施不到位，在没退出线路差动功能压板和断开尾纤的情况下，开始保护定检工作，进行到电流采样精度试验时，由于对侧保护产生差流，引起线路差动保护跳闸。由于该断路器按计划准备转检修状态，未有负荷损失。

2.5.2 事故经过

两侧线路保护均为光纤差动保护。按照某 110kV 变电站 110kV 甲线保护定检计划，调度批复了如下停电时间：

某 110kV 变电站，110kV 甲线 QF₁ 断路器计划停电时间为 3 月 2 日 8：00—19：30，

计划检修时间为9：30—18：00。对侧某110kV变电站，110kV甲线QF₂断路器计划停电时间为3月2日8：30—20：30。

10时30分开票后，由工作负责人确定安全措施为：解开电压连片并封好母线电压端子及切换后的电压外侧端子。工作负责人在屏后做好安全措施并接好试验线，工作班成员在屏前开始试验。在加电流、电压采样时，对侧保护装置差动保护动作，导致对侧断路器跳开。

2.5.3　保护误动原因

2.5.3.1　准备不充分

（1）工作票在由他人代写的情况下未认真审核，尤其是对本项工作的危险点未进行深入分析。

（2）工作于2月24日确定，到3月2日工作开始，期间负责人未做好调查，没有意识到现场为光纤保护，也没有在工作票上反映针对光纤差动保护的安全措施。到现场后也没有了解对侧断路器的运行状态。

2.5.3.2　现场工作心态不正常

（1）工作负责人考虑到3人无法分成两组同时进行，担心工作时间太短，因此从开始心态上就处在紧张状态，开工前的准备工作仓促完成，考虑不周全；而且在确定安全措施时未征求其他工作班成员的意见；工作班成员过于依赖工作负责人，也未提出异议。

（2）当天工作负责人注意力一直集中在具体的环节上，未能尽到安全和监护责任。

2.5.3.3　工作班成员安全职能错位

工作负责人在动手操作，其他成员在旁边监护，因此工作负责人没真正起到监护作用。

2.5.3.4　未认真执行光纤差动保护定检反事故措施

（1）现场未按要求在保护屏上张贴"光纤保护定检或异常处理注意事项"警示牌。

（2）在作业表单中虽有"断开尾纤"项目，但未落到实处，实际未执行本项工作。

2.6　雷击造成500kV线路保护跳闸

2.6.1　事故经过

2011年4月17日20时13分23秒，500kV甲线启动事故音响；500kV甲线QF₁、QF₂断路器C相跳闸，重合成功。

2.6.2　事故现象

2.6.2.1　监控系统光字牌

监控系统光字牌为"500kV甲线线路主Ⅰ保护跳闸""500kV甲线后备保护跳闸""500kV甲线线路主Ⅱ保护跳闸""500kV甲线故障录波器启动""QF₁断路器事故音响""QF₁断路器出口跳闸（第一组）""QF₁断路器出口跳闸（第二组）""QF₁断路器保护

跳闸""QF₁ 断路器保护重合闸""QF₂ 断路器事故音响""QF₂ 断路器出口跳闸（第一组）""QF₂ 断路器出口跳闸（第二组）""QF₂ 断路器保护跳闸""QF₂ 断路器保护重合闸"。

2.6.2.2　保护动作信号

（1）主Ⅰ保护电流差动保护动作，C 相故障，出口时间为 11ms。

（2）主Ⅱ保护电流差动保护动作，C 相故障，出口时间为 9ms。

（3）QF₁ 断路器保护屏。C 相跟跳保护动作，C 相故障，出口时间为 23ms；重合闸动作，出口时间为 1064ms。

（4）QF₂ 断路器保护屏。C 相跟跳保护动作，C 相故障，出口时间为 23ms；重合闸动作，出口时间为 1064ms。

2.6.3　处理经过

在监控系统检查重合后 500kV 甲线负荷正常，到继保室观察保护动作信号，与光字牌一致，上报上级部门，做好记录，打印保护报告并复归信号。

到 500kV 高压场地检查，QF₁、QF₂ 断路器三相均在合闸位置，机构储能正常，500kV 甲线运行状态正常，事故相关线路、断路器、连接线均无异常现象。

2.6.4　事故原因

4 月 17 日 20 时左右，地区出现雷暴雨天气，通过分析保护动作和录波报告，判断 500kV 甲线距站 27.8km 处线路 C 相遭雷击，造成 500kV 甲线 C 相接地，主Ⅰ、主Ⅱ及后备保护正确动作，QF₁、QF₂ 断路器 C 相跳闸，切除故障电流后，重合成功。

2.7　220kV 线路断路器合闸回路异常引起断路器拒合

2.7.1　故障前运行方式

某 220kV 变电站，220kV 双母线分列运行，220kV Ⅰ段母线挂 220kV 甲线 QF₅ 断路器（断路器热备用）、220kV 乙线 QF₆ 断路器、220kV 丙线 QF₇ 断路器（断路器热备用）；220kV Ⅱ段母线挂 220kV 甲 1 线 QF₈ 断路器、220kV 乙 1 线 QF₉ 断路器、T₁ 高压侧 QF₁ 断路器、T₂ 高压侧 QF₂ 断路器、T₃ 高压侧 QF₃ 断路器、T₄ 高压侧 QF₄ 断路器；220kV 母联断路器 QF₁₀ 冷备用。一次接线图见图 2-2。

2.7.2　保护动作情况

220kV 甲 1 线保护动作前，施工单位按《某 220kV 变电站 220kV 备自投装置现场传动试验操作方案》进行备自投试验，执行 220kV 备自投试验操作步骤："A24. 某 220kV 变电站：同期合上 220kV 甲 1 线 QF₈ 断路器时（2011 年 7 月 30 日 15 时 31 分 39 秒）"，220kV 甲 1 线两侧主Ⅰ、主Ⅱ保护均动作，某 220kV 变电站侧跳开 A、B 相断路器，对侧跳开 A、B、C 三相断路器，两侧重合闸均未动作。

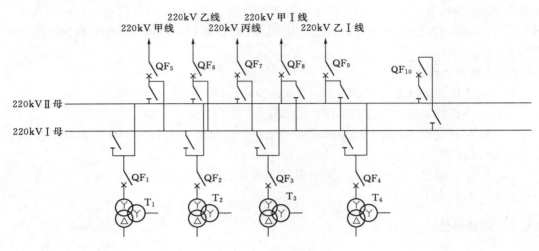

图 2-2　一次接线图

2.7.2.1　某 220kV 变电站 220kV 甲 1 线保护动作情况

2011 年 7 月 30 日 15 时 31 分 39 秒 596 毫秒，220kV 甲 1 线 QF_8 断路器主 I 保护动作，109ms 零序手合加速保护出口，跳 A、B、C 相，C 相故障，零序故障电流 $3I_0$ ＝ 0.1572A；2011 年 7 月 30 日 15 时 31 分 39 秒 596 毫秒，220kV 甲 1 线 QF_8 断路器主 II 保护动作，109ms 零序手合加速保护出口，跳 A、B、C 相，C 相故障，零序故障电流 $3I_0$ ＝0.1621A。

2.7.2.2　对侧某 500kV 变电站 220kV 甲 1 线保护动作情况

2011 年 7 月 30 日 15 时 31 分 39 秒 596 毫秒，220kV 甲 1 线 QF_8 断路器主 I 保护动作，134ms 远方跳闸保护出口，跳 A、B、C 相；2011 年 7 月 30 日 15 时 31 分 39 秒 596 毫秒，220kV 甲 1 线 QF_8 断路器主 II 保护动作，138ms 远方跳闸保护出口，跳 A、B、C 相。

2.7.3　现场检查情况

（1）220kV 甲 1 线 QF_8 断路器主 I、主 II 保护装置面板动作灯正确点亮如下：保护动作，跳 A、跳 B、跳 C 灯亮；操作箱 A、B 分位灯亮，C 相分位灯熄灭。

（2）后台机显示 220kV 甲 1 线 QF_8 断路器位置为分位，但 220kV 甲 1 线 QF_8 断路器出现控制回路断线告警信息，正确报 220kV 甲 1 线 QF_8 断路器主 I、主 II 保护动作信息。

（3）220kV 甲 1 线 QF_8 断路器机构位置指示器显示正确，断路器三相 A、B、C 均指示分位。

（4）220kV 线路录波装置故障录波文件显示，2011 年 7 月 30 日 15 时 31 分 39 秒，同期合上 220kV 甲 1 线 QF_8 断路器时，经 40ms A、B 相动作至合闸位置，C 相断路器未能合闸，仍处于分闸位置，经 109ms，保护三相跳闸动作，跳开 220kV 甲 1 线 QF_8 断路器 A、B 相，三相断路器在分闸位置。

（5）220kV 甲 1 线 QF_8 断路器主 I、主 II 保护装置定值单核对正确，保护压板投退正确，电流、电压回路及保护二次回路接线正确。

针对以上检查结果，初步判断 220kV 甲 1 线 QF$_8$ 断路器 C 相合闸回路异常引起 C 相合闸不成功，产生零序电流，导致零序手合加速保护出口。检查断路器 C 相合闸回路，发现断路器 C 相合闸常闭辅助接点未导通，造成控制回路断线。会同厂家、检修班进一步检查发现，断路器 C 相连接的辅助断路器拉杆调整不到位，导致断路器 C 相辅助断路器合闸接点不能可靠接触，控制回路异常，因此出现 220kV 甲 1 线 QF$_8$ 断路器 C 相不能合闸的现象。

2.7.4　跳闸原因初步分析

结合对侧某 500kV 变电站、某 220kV 变电站 220kV 甲 1 线 QF$_8$ 断路器主 I 、主 II 保护动作报告及故障录波，现场通过一次、二次专业及厂家共同检查分析，导致 220kV 甲 1 线 QF$_8$ 断路器 C 相不能合闸的原因是 220kV 甲 1 线 QF$_8$ 断路器 C 相合闸回路异常。

某 110kV 变电站，在执行 220kV 备自投试验操作步骤中同期合上 220kV 甲 1 线 QF$_8$ 断路器时，C 相合闸回路异常致使断路器 C 相未能合闸。产生的零序电流（二次值为 0.16A）大于零序 IV 段电流整定值（二次值整定为 0.1A），220kV 甲 1 线 QF$_8$ 断路器主 I 、主 II 保护 109ms 零序手合加速保护出口跳 A、B、C 相，不重合；对侧某 500kV 变电站 220kV 甲 1 线 QF$_8$ 断路器主 I 、主 II 保护收到对侧保护发来的远方跳闸指令后启动远方跳闸 A、B、C 相，不重合。

综合以上分析，初步判断本次保护动作正确。

第 3 章

母差保护及断路器失灵保护跳闸

3.1 220kV 母联断路器因内部故障引起母差保护、主变保护和线路保护动作跳闸

3.1.1 故障前运行方式

某 220kV 变电站，220kV 母线采用双母线单分段分列运行方式。220kV Ⅰ 段母线连接 220kV 甲线 QF₅ 断路器、220kV 乙线 QF₆ 断路器、T_1 高压侧 QF₁ 断路器、T_3 高压侧 QF₃ 断路器、TV_1。220kV Ⅱ 段母线连接 220kV 甲 1 线 QF₇ 断路器、T_2 QF₂ 断路器、220kV 乙 1 线 QF₈ 断路器、T_4 高压侧 QF₄、TV_2。220kV 母联断路器 QF₉ 在热备用。一次接线图见图 3-1。

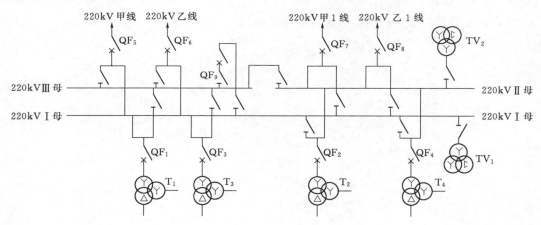

图 3-1 一次接线图

3.1.2 故障概况

2011 年 7 月 18 日 16 时 5 分 13 秒，220kV 乙线 B 相、C 相及某 220kV 变电站 220kV Ⅰ 段母线 C 相故障，220kV 乙线线路光纤差动保护、某 220kV 变电站 220kV Ⅰ 段母线差动保护动作跳闸，接于 220kV Ⅰ 段母线上的 220kV T_1、T_3 主变高压侧断路器及 220kV 甲乙线跳闸。当时现场为雷雨天气。

3.1.2.1 故障设备信息

设备信息见表 3-1～表 3-3。

表 3-1	设 备 信 息 表 1		
变电站名称	某 220kV 变电站	设备名称	QF₉ 断路器
设备安装位置	220kV GIS 室	出厂日期	2004 年 12 月 1 日
额定电流	2500A	投产日期	2005 年 5 月 27 日

表 3-2	设 备 信 息 表 2		
变电站名称	某 220kV 变电站	设备名称	GIS Ⅰ段母线避雷器
设备安装位置	220kV GIS 室	出厂日期	2004 年 12 月
直流 1mA 参考电压	290kV	投产日期	2005 年 5 月 27 日

表 3-3	设 备 信 息 表 3		
变电站名称	某 220kV 变电站	设备名称	220kV 乙线线路避雷器
设备安装位置	220kV 乙线进线间隔	投产日期	2005 年 5 月 27 日
直流 1mA 参考电压	290kV	出厂日期	2004 年 8 月

3.1.2.2　故障前的试验情况

故障前 GIS 局部放电在线监测系统及局放带电测试均未检测到异常局放信号，SF_6 气体湿度未超标。

3.1.2.3　避雷器动作情况

某 220kV 变电站 220kV 乙线线路避雷器未动作。某 220kV 变电站 Ⅰ 段母线避雷器未动作。

3.1.3　设备故障经过及保护动作分析

3.1.3.1　保护动作概况

2011 年 7 月 18 日 16 时 5 分 13 秒 353 毫秒，220kV 乙线发生 B 相、C 相故障，220kV Ⅰ 段母线 C 相发生接地故障，经 40ms 跳开 220kV 乙线两侧断路器，再经 20ms 220kV 母线保护动作，跳开 220kV Ⅰ 段母线上所挂的 220kV 甲线、T_1 高压侧 QF_1 断路器、T_3 高压侧 QF_3 断路器，C 相故障共持续 98ms。

3.1.3.2　保护动作及综合信息

以故障时刻（2011 年 7 月 18 日 16 时 5 分 13 秒 353 毫秒）为时间基准，主要信息见表 3-4 和图 3-2～图 3-4。

表 3-4		保 护 动 作 报 文 信 息
序号	相对时间/ms	事 件
1	0	220kV 乙线 B 相、C 相及某 220kV 变电站 220kV Ⅰ 段母线 C 相故障启动
2	10	220kV 乙线两套光纤差动保护动作
3	40	220kV 乙线本侧断路器跳开
4	50	220kV 乙线对侧断路器跳开

序号	相对时间/ms	事　件
5	60	220kV Ⅰ段母线差动保护动作
6	89	220kV 甲线收到对侧母线保护动作信号
7	98	220kV Ⅰ段母线上所有断路器跳开

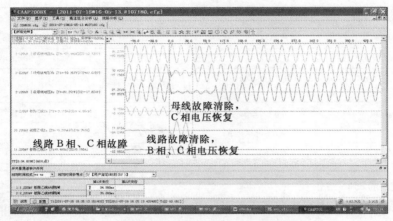

图 3-2　某 220kV 变电站 220kV 线路录波

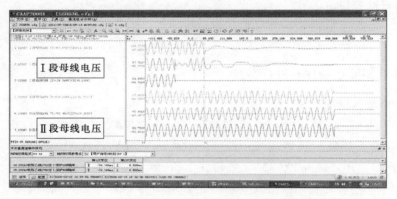

图 3-3　某 220kV 变电站 220kV Ⅰ段、Ⅱ段母线电压波形
（Ⅱ段母线电压未受影响）

综合图 3-2～图 3-4，220kV 母差Ⅰ的装置录波中 220kV 母联断路器 QF₉ 间隔有电流，母差Ⅱ的装置录波及录波器中均没有母联断路器 QF₉ 间隔电流，充分说明 QF₉ 处于断开状态，故障点位于 QF₉ 断路器至 220kV Ⅰ段母线侧 TA 之间。

3.1.3.3　220kV 甲线、乙线故障动作分析

（1）220kV 甲线两侧各配置两套光纤差动保护。某 220kV 变电站母线保护动作后给对侧线路发远跳信号，故障后 89ms 某 220kV 变电站保护发三跳信号。结论是 220kV 甲线线路保护动作正确。

（2）220kV 乙线两侧各配置两套光纤差动保护。保护装置启动后 9ms 动作出口，故

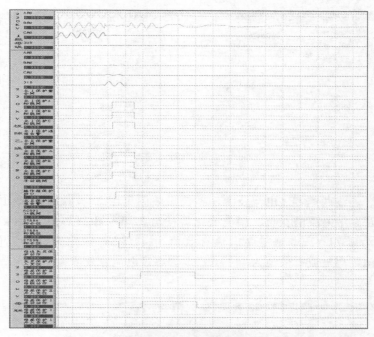

图 3-4 某 220kV 变电站专用故障录波装置录波

障测距距本侧 220kV 变电站 0km，距对侧变电站 4.5km。220kV 乙线线路全长 4.281km。从两侧的录波数据分析，故障瞬间，线路两侧 B 相、C 相差流有效值约 17kA（TA 变比 1600/1，二次值约为 10.6A），见图 3-5。220kV 乙线 B 相、C 相差流波形见图 3-6。220kV 乙线 B 相、C 相差流有效值计算为

B 相 $\qquad |-11.109-19.326|/(2\times 1.414)\times 1600 \approx 17219A$

C 相 $\qquad |10.416+18.463|/(2\times 1.414)\times 1600 \approx 16339A$

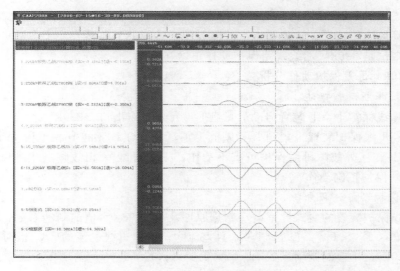

图 3-5 220kV 乙线电流波形

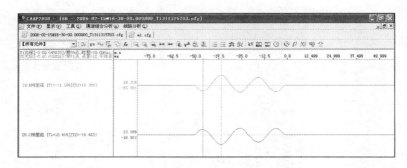

图 3-6 220kV 乙线 B 相、C 相差流波形

220kV 甲、乙线两侧零序电流及零序差流录波图见图 3-7。故障瞬间，220kV 乙线两侧零序电流及零序差流的相位、幅值变化特征与 220kV 甲线类似。220kV 甲线对侧零序电流有效值为 4371A，本侧零序电流有效值为 4348A，零序差流有效值约为 825A；220kV 乙线对侧零序电流有效值为 4144A，本侧零序电流有效值为 4094A，零序差流有效值约为 807A。

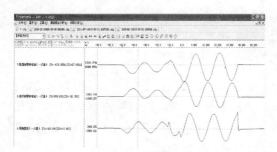
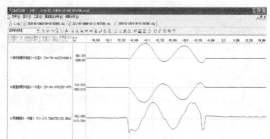

(a) 220kV 甲线两侧零序电流及零序差流录波   (b) 220kV 乙线两侧零序电流及零序差流录波

图 3-7　220kV 甲、乙线两侧零序电流及零序差流录波图

综上所述，对于 220kV 甲、乙线两侧零序分量，相当于区外发生接地故障，其波形也符合区外接地故障特征。这说明本次故障过程中，220kV 乙线发生 BC 相间短路（不接地）故障。结论是 220kV 乙线线路保护动作正确。

3.1.3.4　220kV 母差保护动作分析

1. 故障及保护动作概述

220kV 母线保护 I、II 装置启动后，延时 60ms 动作出口。220kV 乙线发生 B 相、C 相故障期间，母线保护装置采集到 B 相差流为零（L11 与 L12 的 B 相电流大小基本相等、方向相反），B 相区外故障母线保护可靠不动作，I 段母线 C 相故障发生 60ms 后，I 段母线 C 相差动保护正确动作。

2. 母差保护动作过程分析

根据母线保护装置的复式比率差动判据原理及相关整定定值的制动系数，当差流大于差电流门槛值（$I_d > I_{dset}$，$I_{dset} = 1A$）且差流大于流出母线电流的 $2K_r$ 倍时 [大差的制动系数 $K_r = 0.5$，小差的制动系数 $K_r = 2$，$I_d > K_r(I_r - I_d)$]，满足保护装置差动动作条件。因为母联断路器分列运行，母联 TA 已被封闭，母联间隔电流不计入小差电流。

根据录波波形数据分析可知，Ⅰ段母线 C 相发生区内外两点故障期间（前 40ms 内），有电流从 220kV 乙线流出故障母线，形成制动电流，母线保护的复式比率差动判据条件未满足，母线保护未动作出口。此时，Ⅰ段母线小差动保护的和电流 I_r＝10.279A（二次值），差电流 I_d＝6.675A（二次值），根据复式比率差动判据，计算可得Ⅰ段母线小差动保护比率系数 $K \approx 1.85$（小于小差动保护比率系数高值 2），不满足差动保护动作条件。

母线故障发生 40ms 时刻，因线路保护动作将 L11 间隔（220kV 乙线）断路器切除后，母线故障短路电流由 L2(T_1)、L8(T_3)、L12(220kV 甲线) 间隔提供，此 3T 间隔电流方向基本相同，均为流入母线。此时，Ⅰ段母线小差动保护和电流 I_r＝7.904A（二次值），差电流 I_d＝7.637A（二次值），大小相差不大，制动电流 $I_r - I_d$＝0.267A，母线区内故障几乎无制动。在 220kV 乙线切除后的 20ms 全波数据窗中，计算可得Ⅰ段母线小差动保护比率系数 $K \approx 28.6$（远大于小差动保护比率系数高值 2），Ⅰ段母线 C 相电流的复式比率差动判据条件满足，Ⅰ段母线差动保护正确动作出口。

分析结论：根据保护动作信息，综合录波分析，说明本次故障过程中，220kV 乙线发生 B 相、C 相间短路（不接地）故障，与此同时，220kV 母联断路器 QF$_9$ C 相发生了单相接地故障，且保护动作正确。

3.1.4 故障检查情况

3.1.4.1 SF$_6$ 气体试验

故障后立刻对 QF$_9$ 断路器的 C 相气室 SF$_6$ 气体进行试验，发现 QF$_9$ 断路器气室 C 相 SF$_6$ 气体中含有 SO$_2$ 145.1μL/L、H$_2$S 1.7μL/L，初步确认 QF$_9$ 断路器气室 C 相存在缺陷，必须开盖解体检查。

3.1.4.2 GIS 解体检查

（1）对母联断路器 QF$_9$ C 相气室进行解体检查，发现 C 相气室顶部法兰吸附剂金属罩与断路器静触头处均压环间的绝缘拉杆有明显的灼烧痕迹，对地短路的放电通道明显。

（2）对母联断路器 QF$_9$ 的 A 相、B 相气室进行解体检查，A 相、B 相断路器气室没有发现异常，气室内部清洁，没有放电点。

解体检查结果见图 3-8~图 3-13。

图 3-8 C 相绝缘支撑放电明显

图 3-9 A 相、B 相绝缘支撑正常

图 3-10　C相断路器顶盖有电弧灼烧痕迹

图 3-11　A相、B相断路器顶盖正常

图 3-12　C相断路器内有大量粉尘

图 3-13　A相、B相内正常，无粉尘

3.1.4.3　解体检查后初步分析结果

通过以上对GIS设备的解体检查分析，C相灭弧室静触头绝缘支撑绝缘击穿现象是明显的过电压击穿的绝缘故障。故障前220kV母联断路器 QF$_9$ 处于热备用状态，在工频电压下，断路器运行正常。根据某220kV变电站双合录波数据显示，故障时系统三相工频电压与故障前电压相比大幅下降，故可以排除系统因工频过电压导致设备绝缘击穿的可能性。初步推测是由于雷电波入侵变电站，在雷电波的冲击下，设备绝缘击穿。

（1）雷电过电压超过设备额定耐压值，导致正常运行的设备绝缘击穿。

（2）雷电过电压未超过设备额定耐压值，故障前设备气室已出现绝缘性能下降，故障时在雷电过电压的诱发下导致绝缘击穿。

3.1.4.4　输电线路检查

为了明确故障发生时，是否有雷电波入侵变电站以及入侵雷电过电压的形式，输电运行人员对输电线路进行了全面的检查。

输电运行人员对全线铁塔进行了4次线行通道巡查及3次登塔检查。220kV乙线（与220kV甲线同塔全线架设）线路全长4.281km，共23基塔，上、中、下相分别为B相、C相、A相。对220kV乙线全线导线、绝缘子及其金具进行红外线检测，没有发现导线、绝缘子和金具等有异常。输电线路绝缘子串及其金具、各杆塔接地通道均没有放电痕迹，线路导线本体和线行通道均没有发现漂移物放电残留痕迹和飘移物。采用经纬仪、高倍数望远镜对全线导线（全挡距导线）进行检查，没有发现导线有断股或放电损伤痕迹。

线路检查结果分析。假设某 220kV 变电站 220kV 母联断路器 QF_9 C 相绝缘击穿的过电压来源于 220kV 乙线架空线路侧，同时 220kV 乙线发生的 B 相、C 相相间短路也发生在架空线路。在已经证实某 220kV 变电站 220kV 母联断路器 QF_9 C 相绝缘存在隐患的情况下，理论上存在 3 种线路故障的可能：①雷击架空线路杆塔引起 B 相、C 相反击；②雷电绕击在 C 相导线的同时，有漂移物短接 B 相、C 相导线；③雷电绕击 B 相、C 相导线。3 种情况的差异及引发结果见表 3 - 5。

表 3 - 5 架空线路短路情况对比表

序号	情况说明	相间短路差异	气象条件	情 况 分 析
情况 1	雷击架空线路杆塔引起 B 相、C 相反击	雷电幅值较大，B 相、C 相线路绝缘击穿，经杆塔接地短路	线路附近雷电活动频繁，雷电流幅值超过 110kA	雷电流幅值最高只有 -75.8kA，基本在架空输电线路的反击耐雷水平以下，难以引起 B 相、C 相反击，并且 B 相、C 相未发生接地短路，情况 1 可排除
情况 2	雷电绕击在 C 相导线的同时，因漂移物短接 B 相、C 相导线绝缘放电	雷电流幅值较小，绕击相线路绝缘没有击穿，B 相、C 相经飘移物短路	线路附近雷电活动频繁，雷电流幅值小于 35kA，线路附近风力较大	当雷电流幅值低于 30kA 时，地线对 B 相、C 相导线的保护已经失效，雷电可以绕击于导线，且因分流，小于 20～35kA 的雷电流不足以击穿架空线路绝缘。但雷电绕击在 C 相导线的同时，因漂移物短接导致 B 相、C 相导线绝缘放电的概率非常低
情况 3	雷电绕击 B 相、C 相导线	雷电流幅值较小，绕击相线路绝缘没有击穿，B 相、C 相经雷电先导或主放电通道短路	线路附近雷电活动频繁，雷电流幅值小于 35kA	雷电定位系统记录故障时刻的雷电流为 -33.8kA，地线对 B 相、C 相导线的保护已经失效，存在因线路电压感应电荷、多个雷云密集导先放电，导致 B 相、C 相发生绕击短路的可能性。判断情况 3 发生的概率比情况 2 大

综合线路检查和上述综合分析，发生绕击的可能性比较高。绕击时，雷击点附近杆塔和地线无雷击放电的故障痕迹，这也符合 3 次登塔的检查结果。由于绕击接通 B、C 相，雷电流经 4 个方向分流，分流后不足以击穿线路绝缘，雷电流将以行波形式向两侧传播，入侵变电站。因雷电流幅值较小，即使变电站侧避雷器动作进行泄流限压，但因雷电流未达到避雷器计数器的动作条件，避雷器计数器将不动作，避雷器残压继续向断路器传播。可以基本确定故障发生时，某 220kV 变电站附近遭受多个雷击，雷电绕击在 B、C 相导线上，雷电波由 220kV 乙线 GIS 套管侵入 GIS 内部。

3.1.5 220kV 母联断路器 QF_9 断口的雷电过电压计算分析

7 月 23 日，对 220kV 乙线线路避雷器在线监测仪进行动作次数检查及测试，试验结果正常。220kV 母线 TV_1 避雷器送电后带电测试，测试结果合格，检查 TV_1 避雷器在线监测仪动作情况，结果正常。

在确定雷电波由 220kV 乙线 GIS 设备套管侵入 GIS 设备内部的前提下，为了分析断路器热备用状态下断口静触头处的节点电压水平是否低于其雷电冲击耐受水平，对某220kV 变电站 220kV GIS 设备进行 GIS 波过程计算。

220kV 乙线出线避雷器和 220kV GIS I 段母线避雷器计数器均没有动作记录，且事后检测动作计数器动作特性良好。由于可能出现避雷器动作，而未达到避雷器计数器动作条件的情形，因此，在避雷器正确动作的前提下，故障时避雷器的动作情况可能出现以下情形：

（1）220kV 乙线出线避雷器与 220kV GIS 设备母线避雷器均未动作，按照避雷器参考电压技术指标，雷电侵入波幅值应低于 290kV，考虑到在 GIS 设备中继续前行过程中的折射和衰减，到达故障母联断路器断口处并引起全反射的波峰值将小于 580kV。

（2）220kV 乙线出线避雷器动作，I 段母线避雷器不动作。

（3）220kV 乙线出线避雷器不动作，而 I 段母线避雷器动作。

用 ATP 软件（the alternative transient program）仿真计算，在情形（1）下，雷电波在故障母联断路器断口处并引起全反射的波峰值为 550kV。在情形（2）下，雷电波在故障母联断路器断口处并引起全反射的波峰值为 730kV。在情形（3）下，针对此次设备故障的 ATP 仿真计算过程如下：

分析计算 GIS 波过程时，用集中参数的链型网络作为 GIS 的等值电路。取 220kV GIS 波阻抗的典型值为 80Ω。仿真中采用典型雷电波 1.2/50μs。仿真时避雷器也采用ATP 自带的 mov. sup 模型，避雷器电阻的非线性用指数函数描述，其电流和电压之间的关系近似为

$$i = p \left(\frac{u}{u_{\text{ref}}} \right)^{q}$$

式中：p、q、u_{ref} 为常数；u_{ref} 为参考电压。

已知直流 1mA 电压 $U_{1\text{mA}}$（参考电压）和 10kA 下的残压 $U_{10\text{kA}}$ 2 个节点，将这两个点的电压、电流值代入上式，解出 p 和 q 的值，就可以得出避雷器近似的伏安特性曲线，然后填入 MOV 模型中。

在 ATP 软件中建立 GIS 的 ATP 仿真模型，见图 3-14。

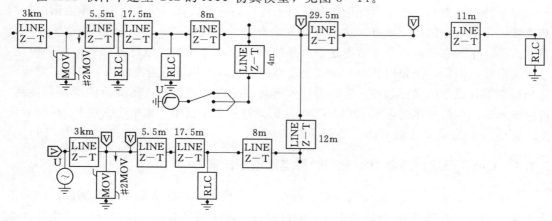

图 3-14　ATP 中 GIS 的模型［情形（2）］

基于以上仿真计算分析，由于两道避雷器保护的存在，即便考虑最严重的情况，即雷电波在故障 220kV 母联断路器断口处并引起全反射的波峰值为 730kV，仍明显低于母联断路器热备用状态下断口静触头处绝缘支撑件的相对地雷电冲击耐受电压（约 900kV，考虑老化因素，相对地雷电冲击耐受电压按额定峰值 1050kV 的 85％即 892.5kV 来考核），不足以引起其击穿。

3.1.6 结论分析

通过以上综合分析及试验结果分析，导致 220kV 母联断路器 QF₉ C 相断路器气室对地短路的初步原因是当日某 220kV 变电站附近遭受多个雷击，雷电绕击在 C 相导线，同时雷击电弧有分支或邻近 B 相导线，导致 B、C 相发生相间短路但没有发生接地短路，进而导致该线路光纤差动保护Ⅰ、Ⅱ段跳闸。同时沿线路袭来的雷电波经过折射和分路到达雷电波入侵的末端，在最严重的情况下，电压上升到 730kV，虽然入侵波幅值没有达到设备的雷电冲击电压，但由于设备安装时静触头支撑绝缘子表面存在异物、粉尘和杂质等颗粒状微小缺陷，在正常运行时无明显局放或缺陷发展，但在雷电侵入波和工频电压的共同作用下最终发展成外绝缘沿面闪络，造成此次设备故障，导致 220kV 母差保护Ⅰ、Ⅱ段跳闸。所以雷电侵入波是某 220kV 变电站母联断路器 QF₉ C 相故障的诱因或外因，而故障元件表面存在沿面绝缘薄弱环节则是故障发生及扩大的主要原因。

3.1.7 防范措施

针对故障的分析结果，提出以下措施：

（1）近两年已发生多起 GIS 设备故障，建议对 GIS 设备的质量进行重新评估，并加强设备的局部放电在线检测和分析工作。

（2）SF₆ 气体具有良好的绝缘自恢复性能，使 GIS 设备内部绝缘故障具有较大的隐蔽性。这一特性应更加促使设备制造厂家提高 GIS 设备的安装工艺水平，加强设备安装的过程监管。

（3）对 GIS 设备关键设备气室的 SF₆ 定期进行气体成分与微水试验，确保 GIS 设备气室绝缘保持良好的状况。关键功能气室进行 SF₆ 密度继电器分相监视改造，避免故障扩大和检修的范围成倍增加。进行 SF₆ 微水及分解产物测试时要对设备管道连接情况进行评估，每次测试前要排尽"死体积"气体；对于几个气室共有一个充气接口的情况，如每相均装有逆止阀或控制阀，则尽量采取分相测量的方法。

（4）重视对线路避雷器、母线避雷器、主变避雷器的维护和巡视，日常巡视中注意避雷器动作次数的记录，尤其是在雷电频繁过后应增加避雷器的计数器检查记录。

（5）由于某 220kV 变电站是在 2005 年之前设计的，当时没考虑 B 码对时和秒脉冲对时，造成本次站内保护装置的动作报告启动时间只能精确到秒，给故障分析带来了诸多不便，需尽快对该站 GPS 系统进行完善。

（6）近年来珠三角地区的雷电放电记录增加了 3～5 倍，建议与 GIS 设备厂家签订技术协议时在出厂试验项目中增加冲击电压试验（雷电冲击电压、操作冲击电压试验）。

3.2 母线内部故障引起母差保护、线路保护动作

3.2.1 母差保护动作前运行方式

某 220kV 变电站，220kV 甲线 QF$_4$ 断路器、220kV 甲 1 线 QF$_5$ 断路器、T$_1$ 高压侧 QF$_1$ 断路器、T$_3$ 高压侧 QF$_3$ 断路器、TV$_1$ 挂 220kV Ⅰ 段母线运行；220kV 乙线 QF$_6$ 断路器、220kV 乙 1 线 QF$_7$ 断路器、T$_2$ 高压侧 QF$_2$ 断路器、TV$_2$ 挂 220kV Ⅱ 段母线运行；220kV Ⅰ 段、Ⅱ 段母线经母联断路器 QF$_8$ 并列运行；T$_1$ 高压侧中性点 QS$_1$ 接地隔离开关在合闸位置。

T$_1$ 中压侧 QF$_9$ 断路器、110kV 甲线 QF$_{12}$ 断路器、110kV 甲 1 线 QF$_{13}$ 断路器、TV$_3$ 挂 110kV Ⅰ 段母线运行；T$_2$ 中压侧 QF$_{10}$ 断路器、110kV 乙 1 线 QF$_{14}$ 断路器、110kV 乙线 QF$_{15}$ 断路器、110kV 丙线 QF$_{16}$ 断路器、TV$_4$ 挂 110kV Ⅱ 段母线运行；T$_3$ 中压侧 QF$_{11}$ 断路器、110kV 丙 1 线 QF$_{17}$ 断路器、110kV 丁线 QF$_{18}$ 断路器、TV$_5$ 挂 110kV Ⅴ 段母线运行；110kV 丁 1 线 QF$_{19}$ 断路器、TV$_6$ 挂 110kV Ⅵ 段母线运行；110kV Ⅰ 段、Ⅱ 段、Ⅴ 段、Ⅵ 段母线经母联断路器 QF$_{20}$、QF$_{21}$，分段断路器 QF$_{22}$、QF$_{23}$ 并列运行；T$_1$ 中压侧中性点 QS$_2$ 接地隔离开关在合闸位置；备用一 QF$_{24}$ 间隔线路在检修状态。一次接线图见图 3-15。

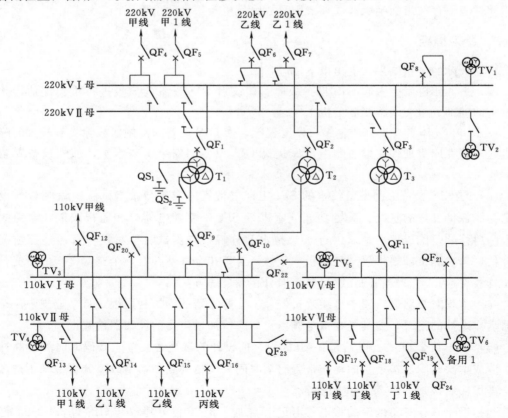

图 3-15　一次接线图

3.2.2 故障发生及处理过程

3.2.2.1 跳闸经过

2008 年 9 月 3 日 12 时 55 分 13 秒，110kV Ⅴ段、Ⅵ段母线母差保护动作，跳开 110kV 母线所挂母联断路器 QF₂₁、分段断路器 QF₂₃ 及 110kV 丁 1 线 QF₁₉ 断路器，跳闸后上述断路器没有重合。

3.2.2.2 后台监控及保护装置动作信息

（1）后台监控。跳闸事故音响，报 110kV Ⅴ段、Ⅵ段母线母差保护动作，分段断路器 QF₂₃ 位置为分闸，母联断路器 QF₂₁ 位置为分闸，110kV 丁 1 线 QF₁₉ 断路器位置为分闸。

（2）相关保护装置动作信息。

1）9 月 3 日 12 时 55 分，220kV 甲线和乙线主Ⅱ保护装置 A、B、C 相失灵保护启动。

2）9 月 3 日 12 时 55 分，110kV Ⅴ段、Ⅵ段母线母差保护装置Ⅵ段母线母差动作，装置上"差动保护动作""TV 断线""开入变位""差动保护动作Ⅱ""差动保护开放Ⅱ""失灵保护开放Ⅱ"灯亮。

3）110kV 丁 1 线 QF₁₉ 断路器保护装置没有启动。

3.2.2.3 处理经过

检查 110kV Ⅴ段、Ⅵ段母线母差保护装置动作报文与后台信息一致，保护录波与 110kV T₂ 线路故障录波器波形一致，一次折算电流一致（A 相为 24375.1A；B 相为 25816.1A；C 相为 34837.3A），录波完好，保护动作正确。

3.2.3 故障的基本信息资料

（1）110kV Ⅴ段、Ⅵ段母线母差保护装置动作报告及录波。

（2）110kV 线路故障录波图。

（3）保护动作报告以及动作信号的全面记录。保护动作信息见表 3-6。

表 3-6   保 护 动 作 信 息 表

故障设备	110kV Ⅴ段、Ⅵ段母线母差保护装置	故障时间	2008 年 9 月 3 日 12 时 55 分 13 秒		故障性质	三相短路
录波情况	完好	故障测距		录波（行波）测距		
故障原因	母线故障	故障持续时间	50ms	最大故障电流		A 相：24375.1A B 相：25816.1A C 相：34837.3A

故障情况简述：

2008 年 9 月 3 日 12 时 55 分 13 秒，110kV Ⅴ段、Ⅵ段母线母差保护动作，跳开 110kV 母联断路器 QF₂₁、分段断路器 QF₂₃ 及 110kV 丁 1 线 QF₁₉ 断路器，跳闸后上述断路器没有重合

保护名称	保护型号	动作类型	功能分类	动作时间	动作情况	备注
Ⅴ段、Ⅵ段母线母差保护	×××	母差保护	差动	39.7ms	跳开 QF₂₃、QF₂₁、QF₁₉ 断路器	

说明：本次故障跳闸录波完好，保护动作正确，保护正确动作次数统计为 1 次

3.2.4 一次系统设备、元件的初步检查结果

2008 年 9 月 3 日 12 时 55 分 13 秒，由于 110kV Ⅵ 段母线内部故障，110kV Ⅴ 段、Ⅵ 段母线母差保护动作，跳开 110kV 母联断路器 QF_{21}、分段断路器 QF_{23} 及 110kV 丁 1 线 QF_{19} 断路器，跳闸后上述断路器没有重合。

保护动作行为的初步判定为 110kV Ⅴ 段、Ⅵ 段母线母差保护动作正确。

3.3 220kV 变压器断路器因气室设备故障引起母差保护、线路保护动作

3.3.1 保护动作前运行方式

某 220kV 变电站，220kV 甲线 QF_4 断路器、220kV 甲 1 线 QF_5 断路器、T_1 高压侧 QF_1 断路器、TV_1 挂 220kV Ⅰ 段母线运行；220kV 乙线 QF_6 断路器、220kV 乙 1 线 QF_7 断路器、T_2 高压侧 QF_2 断路器、TV_2 挂 220kV Ⅱ 段母线运行；220kV Ⅰ 段、Ⅱ 段母线经 220kV 母联断路器 QF_8 并列运行，T_3 高压侧 QF_3 断路器在热备用状态，QS_1 隔离开关在合位，QS_2 隔离开关在分位。一次接线图见图 3-16。

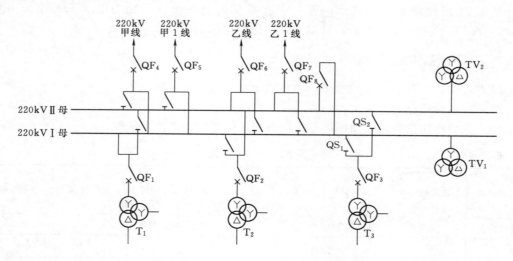

图 3-16 一次接线图

3.3.2 保护动作情况

3.3.2.1 保护动作经过

（1）220kV 母差保护动作情况。2010 年 3 月 6 日 15 时 17 分，220kV Ⅰ 段、Ⅱ 段母线母差保护 Ⅰ、Ⅱ 动作，跳开 220kV 母联断路器及 Ⅰ 段母线所挂断路器，即跳开 QF_8 断路器、220kV 甲 1 线 QF_5 断路器、220k 甲线 QF_4 断路器，T_1 高压侧 QF_1 断路器。

（2）T_3 主 Ⅰ、主 Ⅱ 保护动作情况。T_3 差动保护动作，发跳 T_3 三侧断路器命令，由

于 T_3 三侧断路器在热备用状态，故断路器位置没有变化。

（3）对侧某 220kV 变电站 220kV 甲 1 线保护动作情况。某 220kV 变电站 220kV 母差保护动作跳开 220kV 甲 1 线后，220kV 甲 1 线主 I 保护向对侧保护发出远跳命令，跳开对侧三相断路器；而对侧某 220kV 变电站 220kV 甲 1 线主 II 保护判故障为正方向，且某 220kV 变电站侧断路器已跳开，进而 B 相纵联距离保护、纵联零序保护动作，属于正确动作。

（4）对侧某 500kV 变电站 220kV 甲线保护动作情况。某 220kV 变电站 220kV 母差保护动作跳开 220kV 甲 1 线后，220kV 甲线主 I 保护向对侧保护发出远跳命令，跳开对侧三相断路器；而对侧某 500kV 变电站 220kV 甲线主 II 保护判故障为正方向，且某 220kV 变电站侧断路器已跳开，进而 B 相纵联距离保护、纵联零序保护动作，属于正确动作。

3.3.2.2 保护动作信息

（1）某 220kV 变电站。

1）2010 年 3 月 6 日 15 时 17 分，220kV I 段、II 段母线母差保护 I、II 动作，故障母线为 I 段母线，故障类型为差动，故障相别为 B 相，启动至出口时间为 8.3ms。

2）2010 年 3 月 6 日 15 时 17 分 00 秒，T_3 保护主 I、主 II 保护动作，6ms 差动速断保护动作，23ms 工频变化量差动保护动作，24ms 比率差动保护动作。

（2）对侧某 220kV 变电站。

1）2010 年 3 月 6 日 15 时 17 分 00 秒，220kV 甲 1 线主 I 保护动作，42ms 远方启动跳闸，动作相为 A、B、C 相，故障相为 B 相，故障相电流为 0.70A。

2）2010 年 3 月 6 日 15 时 17 分 00 秒，220kV 甲 1 线主 II 保护动作，41ms 纵联距离保护动作，41ms 纵联零序保护动作，动作相为 B 相，故障相为 B 相，故障相电流为 0.72A。

（3）对侧某 500kV 变电站。

1）2010 年 3 月 6 日 15 时 17 分 00 秒，220kV 甲线主 I 保护动作，40ms 远方启动跳闸，动作相为 A、B、C 相，故障相为 B 相，故障相电流为 3.73A。

2）2010 年 3 月 6 日 15 时 17 分 00 秒，220kV 甲线主 II 保护动作，41ms 纵联距离保护动作，41ms 纵联零序保护动作，动作相为 B 相，故障相为 B 相，故障相电流为 3.74A。

3.3.3 某 220kV 变电站现场检查情况

检查 220kV I 段、II 段母线母差保护装置动作报文与后台信息一致，保护录波与故障录波器波形一致，一次折算电流一致，B 相故障电流有效值约为 23974A（峰值约为 33900A），录波完好，保护动作正确。

保护动作信息见表 3-7。

表 3 – 7			保 护 动 作 信 息 表			
故障设备	T_3 高压侧 QF_3 断路器气室设备	故障时间	2010 年 3 月 6 日 15 时 17 分 00 秒		故障性质	B 相接地故障
录波情况	完好	故障测距		录波（行波）测距		
故障原因	一次设备故障	故障持续时间	50ms	最大故障电流		有效值约为 23974A（峰值约为 33900A）

故障情况简述：

2010 年 3 月 6 日 15 时 17 分 00 秒，220kV Ⅰ 段、Ⅱ 段母线母差保护 Ⅰ、Ⅱ 动作，跳开 220kV 母联断路器 QF_8、220kV 甲 1 线 QF_5 断路器、220kV 甲线 QF_4 断路器、T_1 QF_1 断路器，跳闸后上述断路器没有重合。2010 年 3 月 6 日 15 时 17 分 00 秒，T_3 主 Ⅰ、主 Ⅱ 保护差动保护动作，发跳开 T_3 三侧断路器命令（由于 T_3 三侧断路器原来就处于分位，故断路器位置没有变化）

说明：本次故障跳闸，录波完好，保护动作正确

3.3.4 保护动作分析

根据保护动作情况、现场检查情况及故障录波图，现对本次故障引起的保护动作作出如下分析：

（1）2010 年 3 月 6 日 15 时 17 分 00 秒，T_3 高压侧 QF_3 断路器气室设备故障，220kV Ⅰ 段、Ⅱ 段母线母差保护 Ⅰ、Ⅱ 动作，跳开 220kV 母联断路器 QF_8 及 Ⅰ 段母线所挂断路器；由于 T_3 差动组 TA 位于 QF_3 断路器与母线隔离开关之间，故 T_3 主 Ⅰ、主 Ⅱ 保护差动保护动作，发跳 T_3 三侧断路器命令。

（2）220kV 母差保护动作跳开 220kV 甲 1 线后，220kV 甲 1 线主 Ⅰ 保护向对侧保护发出远跳命令，跳开对侧三相断路器，而对侧 220kV 甲 1 线主 Ⅱ 保护判故障为正方向，且某 220kV 变电站侧断路器已跳开，进而 B 相纵联距离保护、纵联零序保护动作，属于正确动作。同理，220kV 母差保护动作跳开 220kV 甲线后，220kV 甲线主 Ⅰ 保护向对侧保护发出远跳命令，跳开对侧三相断路器，而对侧 220kV 甲线主 Ⅱ 保护判故障为正方向，且某 220kV 变电站侧断路器已跳开，进而 B 相纵联距离、纵联零序保护动作，属于正确动作。

3.3.5 初步结论

本次某 220kV 变电站 T_3 高压侧 QF_3 断路器气室设备故障引起 220kV Ⅰ 段、Ⅱ 段母线母差保护、T_3 主变保护、对侧某 220kV 变电站 220kV 甲 1 线保护、对侧某 500kV 变电站 220kV 甲线保护动作，经现场检查及分析，均属正确动作。

3.4 GIS 断路器 TA 发生接地故障引起母差、主变保护跳闸

3.4.1 故障前运行方式

某 220kV 变电站，220kV Ⅰ 段母线、Ⅱ 段母线并列运行，220kV 母联断路器 QF_6 处

于合闸位置，220kV 甲线 QF$_4$ 断路器、T$_1$ 高压侧 QF$_1$ 断路器、T$_3$ 高压侧 QF$_3$ 断路器挂 220kV Ⅰ 段母线运行，220kV 乙线 QF$_5$ 断路器、T$_2$ 高压侧 QF$_2$ 断路器挂 220kV Ⅱ 段母线运行，T$_2$ 及三侧断路器处于运行状态，220kV 甲线、乙线处于运行状态。一次接线图见图 3-17。

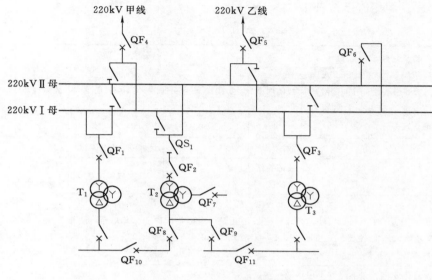

图 3-17　一次接线图

3.4.2　保护动作情况

3.4.2.1　故障经过

2010 年 5 月 9 日 19 时 40 分 10 秒，220kV Ⅰ 段、Ⅱ 段母线母差保护 Ⅰ、Ⅱ 动作，跳开 220kV 母联断路器 QF$_6$、220kV 乙线 QF$_5$ 断路器、T$_2$ 高压侧 QF$_2$ 断路器，T$_2$ 主 Ⅰ、主 Ⅱ 保护差动保护动作，跳开 T$_2$ 三侧 QF$_2$、QF$_7$、QF$_8$、QF$_9$ 断路器，10kV QF$_{10}$ 备自投动作合上 QF$_{10}$ 断路器，QF$_{11}$ 备自投动作合上 QF$_{11}$ 断路器。220kV 乙线线路对侧保护接收到本侧发的远跳命令而跳开对侧 220kV 乙线 QF$_5$ 断路器。

3.4.2.2　保护动作信息

（1）某 220kV 变电站。

1）2010 年 5 月 9 日 19 时 40 分 10 秒，220kV Ⅰ 段、Ⅱ 段母线母差保护 Ⅰ、Ⅱ 动作，故障母线为 Ⅱ 段母线，故障类型为差动，故障相别为 A 相，启动至出口时间为 8.3ms。

2）2010 年 5 月 9 日 19 时 40 分 10 秒，T$_2$ 主变保护主 Ⅰ、主 Ⅱ 保护动作，3ms 差动速断保护动作，47ms 比率差动保护动作。

3）2010 年 5 月 9 日 19 时 40 分 13 秒，10kV QF$_{10}$ 备自投动作。

4）2010 年 5 月 9 日 19 时 40 分 13 秒，10kV QF$_{11}$ 备自投动作。

（2）对侧某 500kV 变电站。2010 年 5 月 9 日 19 时 40 分 10 秒 833 毫秒，220kV 乙线主 Ⅰ、主 Ⅱ 保护动作，45ms 远方跳闸动作。

3.4.3 本侧现场检查情况

检查 220kV Ⅰ段、Ⅱ段母线母差保护装置动作报文与后台信息一致，保护录波与故障录波器波形一致，一次折算电流一致，A 相故障电流有效值约为 16729A（峰值约为 23654A）。保护动作信息见表 3-8。

表 3-8　　　　　　　　　　　　保护动作信息表

故障设备	初步判断故障点位于 T_2 高压侧 A 相差动组 TA 与母差组 TA 之间（准确故障地点需一次专业人员进行确认）	故障时间	2010 年 5 月 9 日 19 时 40 分 10 秒	故障性质	A 相瞬时接地故障
录波情况	完好	故障测距		录波（行波）测距	
故障原因	一次设备故障	故障持续时间	60ms	最大故障电流	有效值约为 16729A（峰值约为 23654A）

故障情况简述：

2010 年 5 月 9 日 19 时 40 分 10 秒，220kV Ⅰ段、Ⅱ段母线母差保护Ⅰ、Ⅱ动作，动作跳开 220kV 母联断路器 QF_6、220kV 乙线 QF_5 断路器、T_2 高压侧 QF_2 断路器。2010 年 5 月 9 日 19 时 40 分 10 秒，T_2 主Ⅰ、主Ⅱ保护差动保护动作，跳开 T_2 三侧断路器

说明：本次故障跳闸，录波完好，保护动作正确

3.4.4 故障原因初步分析

根据本侧、对侧保护动作情况、现场检查情况及故障录波图，现对本次故障作出如下初步分析：

（1）TA 绕组的布置情况。T_2 差动组 TA 位于 QF_2 断路器与母线隔离开关之间，母差组 TA 位于 QF_2 断路器与 QS_1 隔离开关之间，差动组 TA 与母差组 TA 之间既是主变差动保护的保护动作范围，也是母差保护的动作范围。

（2）2010 年 5 月 9 日 19 时 40 分 10 秒 810 毫秒，T_2 高压侧 A 相差动组 TA 与母差组 TA 之间发生一次设备接地故障（具体的准确故障地点需试验所检查，试验后再进行确认），220kV Ⅰ段、Ⅱ段母线母差保护Ⅰ、Ⅱ动作，跳开 220kV 母联断路器 QF_6、220kV 乙线 QF_5 断路器、T_2 高压侧 QF_2 断路器。同时 T_2 主Ⅰ、主Ⅱ保护差动保护动作，跳开 T_2 三侧断路器，QF_8、QF_9 断路器跳闸后，10kV QF_{10} 备自投动作合上 QF_{10} 断路器，QF_{11} 备自投动作合上 QF_{11} 断路器。220kV 母差保护动作跳开本侧 220kV 乙线断路器后，220kV 乙线主Ⅰ、主Ⅱ保护向对侧保护发出远跳命令，对侧接收远跳命令跳开三相断路器。

3.4.5 初步结论

本次故障点发生在 T_2 高压侧 QF_2 断路器 A 相差动组 TA 与母差组 TA 之间，本侧、对侧所有保护、安全自动化装置均正确动作。

第 4 章

接 地 变 保 护 跳 闸

4.1　10kV 线路断路器慢分导致接地变保护越级跳闸

4.1.1　故障前运行方式

某 110kV 变电站，T_1 在运行状态，10kV Ⅰ 段母线在运行状态；T_2 带 10kV Ⅱ甲、Ⅱ乙段母线运行；T_3 带 10kV Ⅲ 段母线运行，QF_5 断路器在试验位置；QF_6 断路器在热备用状态。10kV F_1 QF_7 断路器、T_4 QF_8 断路器挂 10kV Ⅲ 段母线，10kV 系统经小电阻接地。一次接线图见图 4-1。

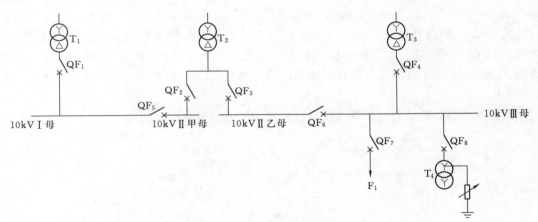

图 4-1　一次接线图

4.1.2　涉及的断路器、保护基本配置情况

QF_7 断路器配置见表 4-1。

表 4-1　　　　　　　　　　　　　　QF_7 断 路 器 配 置 表

变电站名称	某 110kV 变电站	设备名称	QF_7 断路器
设备安装位置	10kV 高压室	投产日期	2002 年 3 月 7 日

QF_7 断路器及 QF_8 断路器保护配置见表 4-2。

表 4 - 2

表 4 - 2　　　　　　　　　　　　　QF$_7$ 断路器及 QF$_8$ 断路器保护配置情况表

序　号	间　隔	投 产 日 期
1	10kV F$_1$ QF$_7$ 断路器保护	2002 年 3 月 7 日
2	10kV T$_4$ QF$_8$ 断路器保护	2002 年 3 月 7 日

QF$_7$ 断路器及 QF$_8$ 断路器保护定值整定情况见表 4 - 3。

表 4 - 3　　　　　　　　　　　　　QF$_7$ 断路器及 QF$_8$ 断路器保护定值整定情况表

间隔	定　值	
QF$_7$ 断路器保护	零序过流保护动作值	2A（一次值 60A）
	零序过流保护时间	0.7s
QF$_8$ 断路器保护	高压侧零序保护 II 段定值	3A（一次值 120A）
	高压侧零序保护 II 段时间	1.5s 跳主变低压侧及本变、闭锁 QF$_8$ 备自投

4.1.3　保护动作及断路器跳闸情况

4 月 23 日 7 时 13 分 40 秒，值班人员根据停电要求，手分 T$_1$ 低压侧 QF$_1$ 断路器；18s 后，即 7 时 13 分 58 秒 965 毫秒，10kV F$_1$ QF$_7$ 断路器保护零序过流保护动作，保护出口跳开 QF$_7$ 断路器，至 7 时 14 分 15 秒 658 毫秒，QF$_7$ 断路器分位才获得后台确认；期间，T$_4$ 高压侧零序 II 段保护动作，于 7 时 13 分 59 秒 810 毫秒跳开 T$_4$ 高压侧 QF$_8$ 断路器和 T$_3$ 低压侧 QF$_4$ 断路器，同时闭锁 QF$_6$ 备自投，QF$_6$ 断路器未动作，造成 10kV III 段母线失压。

根据现场相关记录和保护动作情况，绘制事件过程时序图见图 4 - 2。

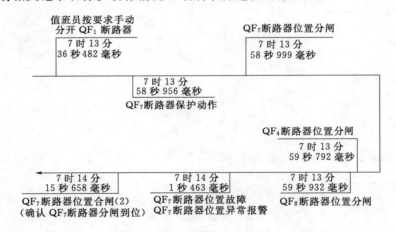

图 4 - 2　事件过程时序图

4.1.4　保护动作信息

（1）根据 10kV F$_1$ QF$_7$ 断路器保护装置动作记录，4 月 23 日 6 时 31 分 37 秒 157 毫秒，

零序过流（$3I_0=13.34$A）保护动作，跳开 QF_7 断路器。

（2）根据 T_4 QF_8 断路器保护装置动作记录，4 月 23 日 7 时 13 分 59 秒 67 毫秒，高压侧零序过流Ⅱ段（$I_{0H}=11.94$A）保护动作，跳开 T_4 高压侧 QF_8 断路器和 T_3 低压侧 QF_4 断路器，同时闭锁 QF_6 备自投。

4.1.5　后台信号

后台报文故障时段截图见图 4-3。

917	914	2013-04-23 07:14:15::658		522开关位置	合闸(2)
918	915	2013-04-23 07:14:15::656	SOE	522开关控制回路断线	分
919	916	2013-04-23 07:14:09::995	通信变位	交流系统故障	合
920	917	2013-04-23 07:14:06::334	SOE	交流系统故障	合
921	918	2013-04-23 07:14:03::104	通信变位	522开关保护告警	合
922	919	2013-04-23 07:14:01::463	通信变位	522开关位置	故障
923	920	2013-04-23 07:14:00::588	通信变位	534开关位置	事故跳
924	921	2013-04-23 07:14:00::588	通信变位	503开关位置	事故跳
925	922	2013-04-23 07:13:59::973	SOE	522开关保护告警	合
926	923	2013-04-23 07:13:59::932	SOE	534开关位置	合
927	924	2013-04-23 07:13:59::823	通信变位	522开关控制回路断线	合
928	925	2013-04-23 07:13:59::823	通信变位	522开关保护动作	动作
929	926	2013-04-23 07:13:59::815	SOE	503开关位置	合(2)
930	927	2013-04-23 07:13:59::810	SOE	534开关位置	合(2)
931	928	2013-04-23 07:13:59::792	SOE	503开关位置	分
932	929	2013-04-23 07:13:58::999	SOE	522开关控制回路断线	合
933	930	2013-04-23 07:13:58::999	SOE	522开关位置	分闸
934	931	2013-04-23 07:13:58::965	SOE	522开关保护动作	动作
935	932	2013-04-23 07:13:40::109	通信变位	501开关控制回路断线	分
936	933	2013-04-23 07:13:39::890	通信变位	501开关控制回路断线	合
937	934	2013-04-23 07:13:39::562	通信变位	501开关位置	合
938	935	2013-04-23 07:13:36::523	SOE	501开关位置	合(2)
939	936	2013-04-23 07:13:36::485	SOE	501开关控制回路断线	合
940	937	2013-04-23 07:13:36::485	SOE	501开关控制回路断线	合
941	938	2013-04-23 07:13:36::482	SOE	501开关位置	分

图 4-3　后台报文故障时段截图

从后台信息初步判定，"QF_7 断路器分闸"到"QF_7 断路器位置合闸（2）"分闸到位的确认大约经历 16s，QF_7 断路器分闸特性异常。

4.1.6　现场检查及处理情况

4.1.6.1　继保人员现场检查情况

根据 QF_7 断路器及 T_4 保护动作信息，结合后台报文，综合分析保护动作情况如下：

（1）QF_7 断路器各项保护动作逻辑均正确，现场核对保护定值正确。

（2）根据后台报文分析，此次保护动作跳开 QF_7 断路器的过程中，QF_7 断路器机构的分闸过程有异常，从"QF_7 断路器保护动作"到"QF_7 断路器位置分闸"大概经历了 16s。

（3）为了分析 QF_7 断路器机构分闸是否正常，继保人员模拟故障时的零序电流（399A），对 QF_7 断路器保护进行了 4 次传动试验，测得的具体数据见表 4-4。

表 4-4　　　　　　　　　　　　QF$_7$ 断路器传动试验数据　　　　　　　　　　　单位：ms

次数	零序保护动作出口时间	断路器分位确认时间	断路器合位消失时间	断路器分闸时间
第一次试验	710	1206.1	1187.2	496.1
第二次试验	712	984.9	978.8	272.9

次数	零序保护动作出口时间	断路器分位确认时间	断路器合位消失时间	断路器分闸时间
第三次试验	711	879.6	874.0	168.6
第四次试验	708	760.3	755.2	52.3

注　保护动作时间整定为700ms。

从表 4-4 可以看出，该断路器的最长分闸时间为 496.1ms，最短分闸时间为 52.3ms，相差约 9.5 倍；且断路器动的次数越多，断路器分闸时间越快。初步判断，该断路器分闸有异常。

为了验证 QF_7 断路器分闸特性不合格，继保人员在 QF_7 开关柜体利用 QF_1 断路器替代 QF_7 断路器对零序保护动作出口到断路器分位、合位位置确定的全过程进行了 4 次试验，具体测试数据见表 4-5。

表 4-5　　　　　　　　　　QF_1 断路器传动试验数据　　　　　　　　　单位：ms

次数	保护动作出口时间	断路器分位确认时间	断路器合位消失时间	断路器分闸时间
第一次试验	715	772.3	755.0	57.3
第二次试验	713	763.8	758.3	50.8
第三次试验	710	758.3	752.6	48.3
第四次试验	712	760.7	755.4	48.7

注　保护动作时间整定为700ms。

从试验数据分析可得出正常的断路器分闸时间为 50ms 左右，且每次试验变化幅度不大。

综合 QF_7 断路器本体传动试验及 QF_1 断路器传动试验数据可初步判断，QF_7 断路器本体的分闸动作特性有异常。

（4）对 QF_7 断路器的零序 TA 进行一次升流，核准其变比为 150/5，一次升流结果合格。

（5）对 QF_7 断路器的零序 TA 进行伏安特性测试，鉴定该 TA 伏安特性合格。

4.1.6.2　检修人员现场检查情况

检修人员对断路器手车本体及柜体进行检查，未发现设备损坏及放电痕迹，断路器手车及柜体温度正常且没有异味，可以排除因 QF_7 开关柜间隔设备对地短路造成这次故障。

对 QF_7 断路器手车机构进行详细检查，情况如下：断路器手车手动分合闸正常动作，复归良好，手车机构无螺丝松动、无连杆脱落或者变形，二次线连接良好，分合闸半轴、分合闸弹簧无变形或脱落，传动连杆上的润滑剂无凝固变硬，传动轴无锈蚀，从外观上目测未发现断路器机构有异常。

4.1.6.3　试验人员现场检查及处理情况

高压试验人员对 10kV F_1 QF_7 断路器及其线路 TV 进行了检查试验，对 TV 进行了绝缘电阻和三倍频感应耐压试验，试验合格；对断路器进行了绝缘电阻、回路电阻、动作电压、时间参量和耐压试验，试验发现 QF_7 断路器在时间参量测试中，8 次测试中有 3 次的分闸时间超出厂家技术要求。厂家与检修人员对分闸线圈的紧固螺丝进行了调整，调整后再次进行 5 次测试，仍然有 2 次测试超出厂家技术要求，调整分闸线圈的作用并不大。具体测试数据如下：

（1）调整分闸线圈前的测试数据见表 4-6。

表 4-6　　　　　　　　　　　　调整分闸线圈前的测试数据　　　　　　　　单位：ms

相别	分 闸 时 间							
	测试 1	测试 2	测试 3	测试 4	测试 5	测试 6	测试 7	测试 8
A	30.0	26.9	47.9	33.6	26.8	27.7	32.8	35.4
B	29.9	26.7	47.8	33.4	26.7	27.5	32.7	35.2
C	30.0	26.9	47.8	33.6	26.8	27.6	32.7	35.2
同期	0.1	0.2	0.1	0.2	0.1	0.2	0.1	0.2

注　技术要求为分闸时间不大于 33ms；同期不大于 1ms。

（2）调整分闸线圈后的测试数据见表 4-7。

表 4-7　　　　　　　　　　　　调整分闸线圈后的测试数据　　　　　　　　单位：ms

相别	分 闸 时 间				
	测试 1	测试 2	测试 3	测试 4	测试 5
A	35.4	28.5	27.9	27.7	41.5
B	35.2	28.3	27.7	27.5	41.4
C	35.3	28.4	27.8	27.6	41.4
同期	0.2	0.2	0.2	0.2	0.1

注　技术要求为分闸时间不大于 33ms；同期不大于 1ms。

综合继保、检修、试验人员的检查和试验情况，初步判断 QF_7 断路器机构存在分闸时间过慢的问题。

4.1.7　断路器及保护检修及预试情况

经检查现场相关检修、定检、预试记录，检修人员在 2009 年 5 月 23 日开展过断路器维护工作；2011 年 4 月 8 日继保人员开展过断路器保护定检和零序 TA 更换工作；未见断路器预试记录。

4.1.8　一次设备故障情况初步判定

根据上述的保护动作、后台报文、对比试验以及试验所的断路器动作特性试验结果，初步判定 QF_7 断路器分闸时间过慢是发生本次 T_4 保护动作跳开 QF_4、QF_8 断路器的直接原因。

4.1.9 保护动作行为的初步判定

从保护动作情况及后台报文可知，10kV F_1 线路发生故障，零序过流保护正确动作，但因 QF_7 断路器机构分闸过慢导致保护发出跳闸脉冲后不能及时切开故障点，进而引起 T_4 高压侧零序过流 Ⅱ 段保护动作越级跳闸，跳开 QF_4、QF_8 断路器，致使 10kV Ⅲ 段母线失压。

4.1.10 断路器分闸异常原因分析

（1）测试分闸线圈的电阻值为 122Ω（厂家要求值 120Ω±6Ω），厂家人员将分闸线圈向分闸半轴移动约 2mm，尝试将行程缩短，以减少分闸时间。但调整后分闸时间加长且不稳定，可以初步排除分闸线圈问题。

（2）分闸弹簧未脱落、变形，从试验数据可知如果弹簧发生不可逆变形或者有裂纹、断裂等情况，分闸时间应为稳定且变慢，但分闸时间不稳定，可以排除分闸弹簧问题。

（3）对机构分闸半轴及分闸传动模块进行分析，由于现场无法对机构进行解体，只能目测，分闸半轴及分闸传动模块未生锈且传动部位的润滑剂未凝固变硬。

（4）经初步分析，分闸线圈有可能因为振动等原因导致分闸时间延长，但该次故障分闸时间达 16s，应属于较极端现象，更具体的原因需要会同厂家进行解体分析。

4.1.11 暴露的问题

（1）10kV F_1 电缆长时间未维护，导致电缆出现故障。

（2）10kV 开关柜 QF_7 断路器进行状态检修后，断路器未得到有效维护，导致断路器特性不合格。

（3）供电分局对部分用户的用电情况不清楚，没有及时将没用的电缆、用户清除。

4.1.12 防范措施

（1）由于 10kV F_1 馈线已没有负荷，且电厂侧已不再发电，且不作为厂用电，建议该线路不再送电。

（2）为杜绝类似事情发生，需要对同类型的断路器做好相关维护、试验工作，确保其他间隔不存在同类问题。

（3）对特性不合格的 QF_7 断路器进行解体大修。

4.2 多条馈线故障引起接地变保护跳闸

4.2.1 故障前运行方式

某 110kV 变电站，T_3 由 110kV 甲线供电，带 10kV Ⅲ 段母线运行；10kV 分段断路器 QF_6 在热备用状态；其中 10kV F_{14}～F_{25} 馈线挂 10kV Ⅲ 段母线运行、10kV 接地变 T_4 挂 10kV Ⅲ 段母线运行，10kV 系统经小电阻接地，并投入运行，见图 4－4。

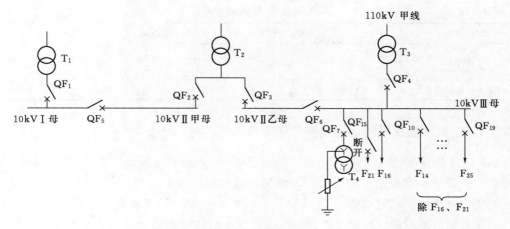

图 4-4   一次接线图

4.2.2   设备情况

（1）一次设备。一次设备包括 T_3 低压侧 QF_4 断路器、10kV 配电网的 F_{16} 馈线 QF_{10} 断路器、F_{21} 馈线 QF_{15} 断路器。

（2）保护配置。各设备的保护配置见表 4-8～表 4-11。

表 4-8 T_3 低压侧后备保护配置表

保护名称	T_3 低压侧后备保护	出厂时间	2004 年 6 月
装置参数	220V，5A	TA 变比	3000/5

表 4-9   接地变 T_4 保护的保护配置表

保护名称	接地变 T_4	出厂时间	2005 年 7 月
装置参数	220V，5A	TA 变比	（1）接地变 T_4 高压侧 TA：600/5。 （2）中性点零序 TA：150/5（用于接地变 T_4 零序保护）。 （3）接地变 T_4 电缆出线零序 TA：100/5（用于录波）
相关保护定值整定	零序Ⅰ段保护整定值 3A（一次值为 90A），1.0s 跳分段断路器。 零序Ⅱ段保护整定值 3A（一次值为 90A），1.5s 跳 T_3 低压侧 QF_4 断路器，闭锁 10kV 备自投		

表 4-10   10kV 配网 F_{16} 馈线保护配置表

保护名称	10kV F_{16} 馈线保护	出厂时间	2005 年 7 月
装置参数	220V，5A	TA 变比	（1）断路器 TA：600/5。 （2）零序 TA：75/5
相关保护定值整定	零序Ⅰ段保护整定值 4A（一次值为 60A），0.7s 跳 QF_{10} 断路器		

表 4-11   10kV 配网 F$_{21}$ 馈线保护配置表

保护名称	10kV F$_{21}$ 馈线保护	出厂时间	2005 年 7 月
装置参数	220V, 5A	TA 变比	(1) 断路器 TA：600/5。 (2) 零序 TA：75/5
相关保护定值整定	零序 I 段保护整定值 4A（一次值为 60A），0.7s 跳 QF$_{15}$断路器		

4.2.3 QF$_4$断路器跳闸后现场检查及送电情况

（1）2 月 21 日凌晨，继保人员现场检查了 10kV 配网 II 段馈线保护装置动作信息，发现所有保护装置均没有保护动作信息；继保人员在检查录波装置时，发现 10kV 配网 F$_{21}$馈线有零序电流产生，有效值为 21.1A（一次值），10kV F$_{16}$馈线零序电流未接入录波装置，不能看到故障电流，接地变 T$_4$ 中性点有较大的零序电流产生，有效值为 398A（一次值）。继保人员将这一情况向当值值班员进行了交代，随后，值班员通知供电分局对 F$_{21}$馈线进行巡线。

（2）2 月 21 日 2 时 8 分，根据调度命令值班员开始复电操作。21 日 1 时 51 分，合上 10kV F$_{16}$馈线 QF$_{10}$断路器时，10kV II 段母线 C 相电压降为零，A 相、B 相两相升高为线电压（此时接地变 T$_4$ 未投运，F$_{16}$保护未动作）。值班员立即手动断开 F$_{16}$馈线 QF$_{10}$断路器，并将 QF$_{10}$断路器由热备用转至检修状态，并通知南城分局对 F$_{16}$馈线进行巡线。继保人员对 F$_{16}$保护及相关二次回路进行了检查和检测，均未发生异常，传动断路器正确。

（3）2 月 21 日 2 时 8 分，值班员合上 QF$_7$ 断路器，将接地变 T$_4$ 投入运行；2 月 21 日 3 时 31 分，经调度同意，对 F$_{16}$馈线进行第二次送电，当合上 F$_{16}$馈线 QF$_{10}$断路器时，零序保护动作，跳开 QF$_{10}$断路器。从这两次 F$_{16}$送电发生异常情况说明 F$_{16}$馈线发生了 C 相接地永久性故障。

（4）2 月 21 日，供电分局在巡线时，发现 F$_{16}$馈线的电缆头在变电站围墙附近有对地放电痕迹。供电分局抢修后，2 月 22 日 14 时将 F$_{16}$馈线由检修转至运行状态，至此，T$_3$ 低压侧 QF$_4$ 断路器、10kV III 段母线及相应 10kV 馈线全部恢复送电。

4.2.4 接地变 T$_4$、F$_{16}$馈线第二次送电保护动作情况分析

4.2.4.1 T$_4$ 保护动作情况分析

（1）2013 年 2 月 21 日 0 时 53 分 16 秒 791 毫秒，接地变 T$_4$ 零序 I 段过流保护动作，故障零序电流 13.25A（二次值），折算为一次电流 397.5A，跳 10kV 分段断路器。因为故障前，分段断路器 QF$_6$ 已在分位，故断路器仍在分位。

（2）2013 年 2 月 21 日 0 时 53 分 17 秒 291 毫秒，接地变 T$_4$ 零序 II 段过流保护动作，故障零序电流 13.25A（二次值），折算为一次电流 397.5A，跳开 T$_3$ 低压侧 QF$_4$ 断路器，造成 10kV 配网 III 段母线失压。

从录波图可以判断，接地变 T$_4$ 零序电流幅值约为 28.2A（二次值），折算成有效值

为 19.9A，一次值为 398A，与保护装置检测到的一次值 397A 基本吻合，故障持续时间为 1.577s，初步判断接地变 T_4 保护正确动作。

4.2.4.2 F_{16} 馈线保护动作情况分析

由于 F_{16} 馈线零序电流没有接入录波装置，不能看到 F_{16} 馈线故障时的故障电流，所以只能从 10kV Ⅲ 段母线电压分析该次故障情况。从母线 C 相电压降低判断 F_{16} 馈线 C 相有接地，持续时间为 0.7s。

2013 年 2 月 21 日 4 时 5 分 59 秒，F_{16} 馈线零序过流保护动作，故障二次零序电流 5.12A，折算为一次电流 76.8A，跳开 QF_{10} 断路器。此次保护正确动作。

4.2.5 接地变 T_4 保护动作，F_{16} 馈线保护不动作原因分析

为了分析 21 日 0 时 53 分 16 秒第一次故障 F_{16} 馈线 QF_{10} 断路器保护未动的原因，继保人员对故障时零序电流作进一步分析，分析认为 F_{16} 保护不动作的原因有：①F_{16} 保护装置及其回路有异常；②零序 TA 在大电流冲击下出现饱和现象，不能准确反映故障电流；③定值整定错误；④故障电流未达到整定值。通过现场检查及检验，上述的前 3 个原因不存在，对第 4 个原因分析如下。

4.2.5.1 两次故障时的故障电流分布情况

为了便于分析，现将 10kV Ⅱ 段母线的故障电流分为 4 部分，即 T_4、$F_{14} \sim F_{25}$ (除 F_{16}、F_{21})、F_{21}、F_{16}，对应的故障电流分别为 $I_{0总}$、$I_{f总}$、I_{f21}、I_k。由于两次故障时，$F_{14} \sim F_{25}$ (除 F_{16}、F_{21}) 的故障电流大致相等，则有 $I_{0总} = I_{f总} + I_{f21} + I_k$，由于 $I_{0总}$ 能从录波图中获得，$I_{f总}$ 能从第二次故障中计算出来，这样，就可以算出 F_{16} 馈线第一次故障时的故障电流。两次故障的故障电流分布情况见图 4-5 和图 4-6。

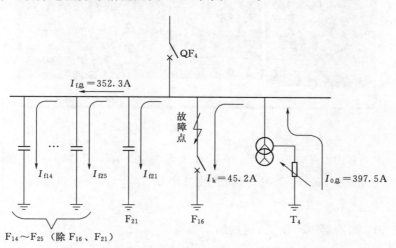

图 4-5 T_4 跳 QF_4 断路器时的电流分布图

4.2.5.2 $F_{14} \sim F_{25}$ (除 F_{16}、F_{21}) 的故障电流

F_{16} 第二次送电时，T_4 零序电流大小见图 4-7。

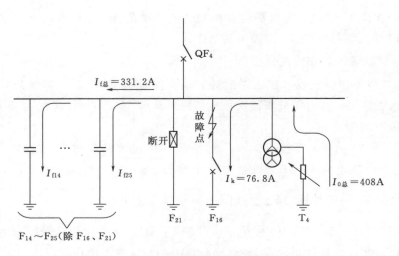

图 4-6　F$_{16}$馈线试送电时的跳闸电流分布图

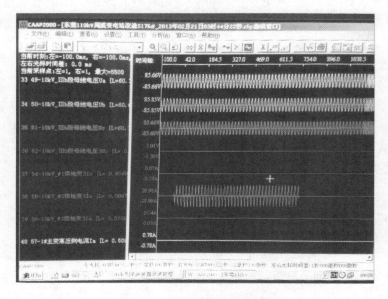

图 4-7　T$_4$零序电流录波图

经计算，T$_4$零序电流幅值为 28.9A，有效值为 20.4A，折算为一次值 408A。由于 F$_{16}$馈线第二次送电时，F$_{21}$未送电，F$_{21}$的故障电流 $I_{f21}=0$，F$_{16}$的故障电流 $I_k=76.8A$（一次值），则 $I_{f总}=I_{0总}-I_{f21}-I_k=408-0-76.8=331.2A$。

4.2.5.3　在 QF$_4$断路器跳闸时 F$_{21}$馈线的故障电流

第一次故障时 F$_{21}$出线的零序电流幅值为 1.409A（图 4-8），折算为一次有效值 21.1A（变比 75/5）。

4.2.5.4　F$_{16}$馈线第一次故障时的故障电流

第一次 10kV Ⅱ段母线故障时，T$_4$、F$_{14}$～F$_{25}$全部在运行状态。根据故障电流的走向

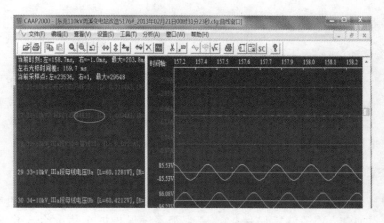

图 4-8 F_{21} 馈线零序电流录波图

及分布（图 4-5）可推算出：F_{16} 馈线第一次故障电流 $I_k = I_{0总} - I_{f总} - I_{f21}$，其中，$I_{0总} =$ 397.5A（一次值），$I_{f总} = 331.2A$（一次值，已推算出），$I_{f21} = 21.1A$，则 F_{16} 第一次故障电流 $I_k = 397.5 - 331.2 - 21.1 = 45.2A < 60A$，因此，可以判定 F_{16} 馈线零序过流保护不动作是正确的。

4.2.6 跳闸后现场补充试验情况

4.2.6.1 检修专业补充试验情况

（1）接地变 T_4 本体测温正常，未见放电痕迹。

（2）检查接地变 T_4 高压侧电缆出线外接零序 TA、中性点零序 TA 一次、二次接线正确，安装位置正确。

（3）小电阻柜、接地变 T_4 高压侧电缆出线未见异常。

（4）检查 10kV Ⅱ段母线其他馈线零序 TA 一次、二次接线正确，安装位置正确。

4.2.6.2 继保专业补充试验情况

（1）2 月 21 日凌晨，继保人员对接地变 T_4 保护进行的精度、逻辑、出口、信号校验均正确；对接地变 T_4 高压侧电缆出线外接零序 TA、中性点零序 TA 进行的升流、极性、变比及二次回路检查均正确，定值整定正确。

（2）2 月 21 日凌晨，继保人员对 10kV F_{16} 断路器保护进行的精度、逻辑、出口、信号校验均正确，定值整定正确；对 F_{16} 断路器电缆出线外接零序 TA 进行的升流、极性、变比及二次回路检查均正确；对 F_{16} 的零序保护进行了 6 次大电流冲击试验（分别为 1 倍、2 倍、3.4 倍、4 倍、5 倍、10 倍额定值）。

（3）2 月 21 日凌晨，继保人员对 10kV F_{17} 馈线断路器保护进行的精度、逻辑、出口、信号校验均正确，定值整定正确；对 F_{17} 馈线断路器电缆出线外接零序 TA 进行的升流、极性、变比及二次回路检查均正确；对 F_{17} 馈线的零序保护进行了 6 次大电流冲击试验（分别为 1 倍、2 倍、3.4 倍、4 倍、5 倍、10 倍额定值）。

（4）2 月 24 日，继保人员在备用间隔 F_{24} 馈线零序 TA（变比 150/5）进行了大电流冲击试验，模拟 2 月 21 日 QF₄ 断路器跳闸时的故障电流（一次值为 400A、800A）试验，零序电流互感器性能正常，保护动作逻辑正确。

4.2.7　故障综合分析

由于 F_{21} 馈线 A 相对树发生间断性放电（约 30min），进而引起 10kV F_{16}、F_{17} 馈线相继发生单相接地故障。受暂态过程的影响，10kV Ⅱ段母线中的所有馈线电容电流（或者接地电流）较大，达到接地变零序保护的动作电流值，T_4 保护跳闸，而 F_{16}、F_{17}、F_{21} 馈线虽有故障发生，但由于故障电流未达到整定值，相关保护未动作。

4.2.8　暴露的问题

（1）对于复杂性短路故障，录波数据的不采集或采集不够给故障分析过程带来困难。

（2）对于目前 10kV 馈线零序保护、接地变零序保护的定值配合需作进一步分析和调整。

4.2.9　防范措施

（1）建议对 10kV 小电阻系统定期真实测试接地故障时的电容电流（或者接地电流），如果所有馈线的电容电流不小于动作电流（一次值为 90A），必须重新整定定值，防患于未然。

（2）建议对 10kV 系统，特别是新投产或改造的变电站，必须增加故障录波屏的设计，同时故障录波屏通道容量要满足现场要求，能够将所有馈线以及电容器的零序电流全部接入故障录波装置内。

（3）建议对 10kV 馈线保护，尤其是新型号的保护装置，增加零序通道电流的启动记录及录波功能，以方便调取数据用于故障分析等。

4.3　接地站用变断路器 TA 三相短路引起过流保护动作

4.3.1　故障前运行方式

某 110kV 变电站，T_1 带 10kV Ⅰ段母线运行，T_2 带 10kV Ⅱ段母线运行，10kV 分段断路器 QF_3 热备用，T_3 QF_4 断路器挂 10kV Ⅱ段母线运行。一次接线图见图 4-9。

4.3.2　故障概况

2011 年 3 月 10 日 3 时 8 分 6 秒 233 毫秒，某 110kV 变电站 10kV T_3 QF_4 断路器 A、B、C 三相过流Ⅰ段保护动作，跳开 QF_4 断路器。

4.3.3　相关保护定值整定情况

保护定值整定情况见表 4-12。

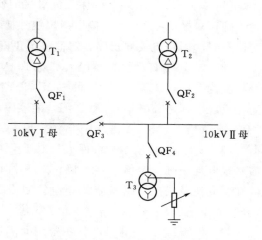

图 4-9　一次接线图

表 4 - 12　　　　　　　　　　　　保护定值整定情况表

间隔	TA 变比	定 值 设 置
T_3 QF$_4$ 断路器	150/5	过流 I 段保护电流定值整定 $I = 30.6A$，时间整定 $t = 0.2s$； 过流 II 段保护电流定值整定 $I = 6.7A$，时间整定 $t = 0.5s$

4.3.4　保护动作信息

保护动作报文信息见表 4 - 13。

表 4 - 13　　　　　　　　　　　　保护动作报文信息表

间隔	时间	报文
T_2 低压侧后备	3 时 10 分 7 秒 221 毫秒	T_2 低压侧后备保护复合电压动作
T_2 低压侧后备	3 时 10 分 7 秒 594 毫秒	T_2 低压侧后备保护复合电压动作返回
T_3 QF$_4$ 断路器	3 时 10 分 8 秒 233 毫秒	A、B、C 三相故障，故障电流为 125.64A，T_3 过流 I 段保护动作
T_3 QF$_4$ 断路器	3 时 10 分 8 秒 298 毫秒	T_3 过流 I 段保护动作后返回

注　从录波分析两台保护装置存在时间差。

4.3.5　现场检查情况分析

经继保人员现场检查，T_3 断路器 TA 上端三相有放电痕迹，三相螺丝都有部分烧熔，电缆头三相也有放电痕迹，烧伤电缆头。保护装置动作报告显示，3 月 10 日 3 时 8 分 6 秒 233 毫秒，A、B、C 三相过流 I 段保护动作，电流 $I_a = 125.64A$。

由录波报告分析 T_2 低压侧三相电流及 10kV II 段母线电压录波情况，故障开始时变压器低压侧 B、C 相短路，电流出现异常，14ms A、B、C 三相短路电流均异常，同时母线电压几乎降为 0，415ms T_3 保护动作，440ms 电压和电流恢复正常。即从故障开始至 T_3 动作时间为 415ms，保护动作 25ms 后电压、电流恢复正常。

由于 T_3 过流 I 段保护时间整定为 0.2s，动作时间为 0.415s。根据现场断路器 TA 上下均有放电现场以及录波中 T_3 低压侧电流及 II 段母线电压情况，可以判断为断路器 TA 上部 B、C 相先短路后引起三相短路放电，此时短路在 TA 前，装置无法判断故障。然后导致 TA 下面电缆头三相短路放电，此时短路在 TA 后，装置可判断故障。经过 0.2s 后保护动作跳开 QF$_4$ 断路器，所以整个故障时间持续 440ms。整个过程的电流及时间小于主变低压侧后备保护复合电压闭锁过流 I、II 段保护电流及时间（2200A，1s），同时小于复合电压闭锁过流 III 段保护电流及时间（10000A，0.5s），主变不动作。

4.3.6　保护动作情况判定

经综合分析，本次跳闸故障是 T_3 QF$_4$ 断路器 TA 上部 B、C 相短路后三相短路，导致出线电缆头三相短路引起的保护动作，装置正确动作。

4.4 10kV 线路 TA 绕组间发生单相接地故障引起接地变保护动作跳闸

4.4.1 故障前运行方式

某 110kV 变电站，T_1 带 10kV Ⅰ 段母线运行；T_2 带 10kV Ⅱ甲、Ⅱ乙段母线运行；T_4 挂Ⅱ甲段母线运行，C_1 挂Ⅱ甲段母线运行；T_3 带 10kV Ⅲ 段母线运行。10kV 接地方式为经小电阻接地。一次接线图见图 4-10。

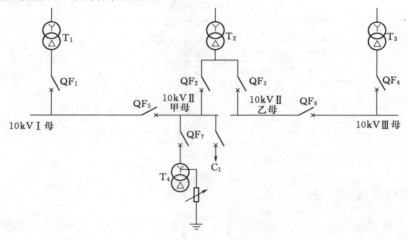

图 4-10 一次接线图

4.4.2 故障概况

2011 年 12 月 2 日 22 时 46 分，T_4 保护装置的零序过流Ⅰ段、零序过流Ⅱ段保护动作，跳开 T_2 低压侧 QF_2、QF_3 断路器及 T_4 QF_7 断路器，同时 QF_5、QF_6 备自投均启动，但随即被闭锁出口。

保护动作后，值班员检查 10kV Ⅱ甲、Ⅱ乙段一次设备未发现明显的故障痕迹，经调度同意，对某 110kV 变电站 T_2 低压侧 QF_2 断路器、QF_3 断路器进行试送电，其后未发现 T_2，10kV Ⅱ甲、Ⅱ乙段馈线异常。除 C_1 未送电外，其他设备在 23 时 51 分送电完毕。

4.4.3 保护基本配置情况

保护配置情况见表 4-14。

表 4-14　　　　　　　　　　保护配置情况表

序号	保 护 分 类	投 产 日 期
1	T_3 保护（小电阻接地系统）	2009 年 12 月 12 日
2	10kV Ⅱ甲、Ⅱ乙段馈线断路器保护	2010 年 5 月 5 日
3	T_2 主保护	2009 年 9 月 19 日

序号	保护分类	投产日期
4	T_2 高压侧后备保护，QF_2、QF_3 后备保护	2009 年 9 月 19 日
5	C_1 保护	2009 年 12 月 17 日

4.4.4 现场检查情况

12 月 2 日夜晚继保人员检查保护动作情况为：①T_3 保护有零序电流，动作跳开 QF_2、QF_3 断路器并闭锁 QF_6、QF_5 备自投；②10kV Ⅱ甲、Ⅱ乙段馈线，C_1 保护装置均无任何故障信息。

4.4.4.1 T_3 QF_7 断路器保护装置报文

（1）2011 年 12 月 2 日 22 时 46 分 45 秒 368 毫秒，T_3 QF_7 断路器保护Ⅰ段零序过流保护动作，故障电流 $3I_0 = 14.78A$（整定值为 3A，1s 跳 QF_5、QF_6），一次零序电流为 $14.78 \times 150/5 = 443.4A$，远超过Ⅰ段零序保护定值 3A（二次值）。

（2）2011 年 12 月 2 日 22 时 46 分 46 秒 930 毫秒，T_3 QF_7 断路器保护Ⅱ段零序过流保护动作，故障电流 $3I_0 = 14.78A$，一次零序电流为 $14.78 \times (150/5) = 443.4A$，超过Ⅱ段零序保护定值 3A（整定值为 3A，1.5s 跳 QF_2、QF_3 和闭锁 QF_5/QF_6 备自投）。

4.4.4.2 故障录波中的相关信息

2011 年 12 月 2 日 22 时 46 分，10kV Ⅱ甲、Ⅱ乙段母线电压显示如下：

（1）A 相电压降接近 0，B、C 相电压上升为线电压值（二次值 97.4V）。

（2）T_3 出现 14.712A 的零序电流（T_3 零序 TA 变比为 150/5，折算成一次零序电流为 441.36A）。

（3）10kV Ⅱ甲段、Ⅱ乙段，C_1 的零序电流均接近 0。

上述数据与理论上关于小电阻单相接地时的现象吻合，因此，初步分析当时 10kV Ⅱ甲段、Ⅱ乙段母线发生了 A 相接地故障。

4.4.5 保护动作行为的初步判定

根据该站负荷报表的数据，12 月 2 日 22 时某 110kV 变电站Ⅱ甲段母线负荷电流为 567A，Ⅱ乙段母线负荷电流为 662A。根据本站录波图录得数据可知：

4.4.5.1 故障前

QF_2 电流为 0.9（录波装置采样有效值）×3000/5（变压器低压侧 TA 变比）＝540A，QF_3 电流为 1.1（录波装置采样有效值）×3000/5（变压器低压侧 TA 变比）＝660A；T_3 零序电流为 0。上述数据与负荷报表数据相符。

4.4.5.2 故障后

（1）QF_2 电流为 1.05（录波装置采样有效值）×3000/5（变压器低压侧 TA 变比）＝630A，QF_3 电流为 1.63（录波装置采样有效值）×3000/5（变压器低压侧 TA 变比）＝978A。

（2）T_3 电流为 14.712（录波装置采样有效值）×150/5（接地变零序 TA 变比）＝441.36A。

（3）10kV Ⅱ甲段、Ⅱ乙段，C_1 的零序电流均接近 0。

（4）故障后未跳闸时接地故障电流 = 总电流 − 负荷电流，则 QF_2 接地故障电流 = 630 − 540 = 90A，远小于 441.36A，而 QF_3 接地故障电流 = 978 − 660 = 318A，趋向于 441.36A。

综合故障前后录波数据，进一步分析推断为：当时 QF_3 母线发生 A 相接地故障的可能性最大，QF_2 母线发生 A 相接地故障的可能性较小。

4.4.6 保护动作行为的进一步判定

12月4日5时20分，某 110kV 变电站某馈线发生相间故障，速断保护动作（动作电流二次值为 105A），跳开断路器，经现场检查，A、B、C 三相有短路及对地放电现象。经现场试验，该线路过流保护及零序保护动作均正确。

综合上述初步分析认为，12月2日 T_3 保护动作可能是由该馈线在零序 TA 至断路器 TA 之间发生 A 相对地放电引起的。

4.5 10kV 线路发生单相接地而消弧装置未能正确选线跳闸导致消弧线圈烧毁

4.5.1 故障前运行方式

某 110kV 变电站，110kV 甲线供某 110kV 变电站 T_1，110kV 乙线供某 110kV 变电站 T_2，110kV 丙线供某 110kV 变电站 T_3，3 台主变低压侧分列运行，10kV QF_5、QF_6 备自投退出，10kV F_1 馈线挂 10kV Ⅱ乙段母线运行，10kV 系统经消弧系统接地。一次接线图见图 4−11。

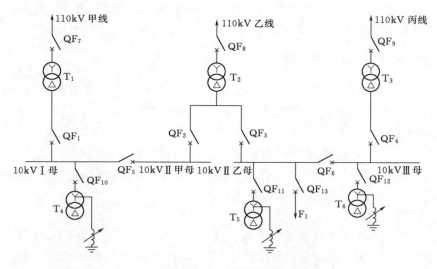

图 4−11 一次接线图

4.5.2 系统异常情况

2012 年 1 月 22 日 0 时 46 分 50 秒，10kV F_1 馈线发生 C 相接地故障，引起 T_5 消弧线圈长时间频繁报接地故障，但消弧选线装置未能正确选到故障线路，未能跳开 10kV F_1 QF_{13} 断路器，故障持续到 7 时 53 分 29 秒，导致消弧线圈被烧坏。

4.5.3 异常经过及处理过程

1 月 22 日 0 时 47 分，监控机发出某 110kV 变电站 10kV 线路接地信号、10kV 线路保护装置异常信号、消弧装置异常总信号、消弧装置 10kV Ⅱ甲段母线接地信号、消弧装置 10kV 线路接地信号。当值值班人员发现后，检查港区各段母线的电压无异常且三相电压平衡。结合当时为阴雨天、有 2～3 级风的情况，初步判断 10kV Ⅱ甲、Ⅱ乙段线路属于瞬间接地，未向调度和当值值班长汇报情况。

1 时 41 分，后台机发出消弧装置 10kV 线路接地复归信号，10kV 线路接地信号、10kV 线路保护装置异常信号、消弧装置异常总信号、消弧装置 10kV Ⅱ甲段母线接地信号没有出现复归，值班人员判断为 10kV F_1 馈线线路接地现象已消除，并确认了上述信息。

1 时 43 分，消弧装置 10kV 线路接地再次动作，Ⅱ甲、Ⅱ乙段母线的电压仍然显示正常，结合当时天气情况，值班员判断接地故障为架空线路受到树枝或其他不明物体悬挂造成间隙瞬间接地，没有采取相应的措施。此后每隔大约 3min "动作与复归" 信号不断地重复发出，统计总次数约为 70 次。

5 时 30 分，监控机Ⅰ、Ⅱ死机，与通信班联系处理后监控机恢复正常。

6 时，某 110kV 变电站门卫通知高压室有很大烧焦味，值班人员立刻向值班长汇报。

7 时 40 分，值班人员到达现场，发现接地变室有大量浓烟，立即向调度汇报并进行通风及相关事故处理。

经多方检查，确认该事件是由 F_1 馈线 C 相永久接地引起的。

1 月 29 日，F_1 馈线完成故障修复，恢复正常送电。

4.5.4 现场检查情况

4.5.4.1 消弧选线装置动作信息

接地开始时间为 1 月 22 日 0 时 46 分 50 秒，接地解除时间为 1 月 22 日 7 时 53 分 29 秒。2 号消弧线圈控制装置进行补偿启动，中性点电压 6092V，电容电流 94.6A，实际补偿 62.0A（消弧最大补偿范围为 66A），基本处于最大补偿上限。选线装置启动，未检测到 F_1 的故障电流，未选出线路，报Ⅱ段母线接地故障。

4.5.4.2 综自后台 SOE 报警信号

1 月 22 日 0 时 46 分开始至 7 时 53 分，频繁报警 "消弧装置 10kV 线路接地信号"。

4.5.4.3 消弧选线装置内部检查情况

软件设置正确，检查中心屏外部零序 TA 回路，用继保测试仪检查屏内 TA 采样，F_1 电流采样通道正常，模拟能正常选线，并正确跳闸，综自后台消弧报警信号正确。外部回路没有检查。

4.5.4.4 消弧一次系统检查情况

T_5 消弧线圈冒烟，有焦味，消弧线圈树脂层有裂痕，且有黑色固体燃烧物。

4.5.5 异常原因分析

（1）消弧线圈异常原因基本确定，行业标准是带故障额定运行时间允许在 2h 以内。本次经消弧接地时间长达 7h，补偿电流达到 62A，超负荷运行，导致设备过热损坏。

（2）由于消弧选线装置未能检测到 F_1 的零序电流，所以未能选线跳闸。

4.5.6 现场检查、试验相关记录

消弧线圈烧坏及选线装置相关记录见图 4-12 和图 4-13。

4.5.7 一次、二次设备恢复正常措施

（1）更换消弧线圈。将某 110kV 甲变电站拆除的消弧线圈（容量一致，为400kV·A，基础大小有差异）运至某110kV 变电站。

（2）消弧就地控制柜因超长时间通过大电流，部分器件功能可能已有损坏，与消弧线圈一并成套更换。

图 4-12　消弧线圈烧坏图片

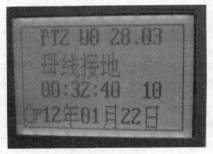

(a) 1 月 22 日摄

(b) 2 月 8 日摄

图 4-13　选线装置选线记录

（3）申请 10kV F_1 停电，对零序 TA 及其回路进行检查、试验。

4.5.8 暴露的问题

当值值班人员没有熟练掌握 10kV 经消弧线圈接地系统的事故事件处理规程，未能及时正确分析判断出消弧装置动作是否正常及接地故障是否消除，采取有效措施尽快切除故障线路，且在接到某 110kV 变电站门卫报告高压室有很大烧焦味道时没有做到快速响应，造成 10kV 系统长时间接地运行。

4.5.9 防范措施

（1）制定并落实相关规程的培训学习计划，加大对《四遥导则》中信息报文含义的技术培训力度，提高值班人员对监控值班的业务水平。

（2）制定"反事故演习"以及"反事故预想"的学习计划，针对现行值班运作模式开展应急演练，并形成各类事故应急处置方案，提高值班人员事故处理的水平。

（3）完善监控值班的要求，重申监控值班发现问题的处理方法。

1）应适时刷新后台机页面，做到 24h 不间断监盘，并对后台机的信息报文进行分析。

2）值班员对异常、故障信息报文的内容应及时汇报当值值班长。

3）值班长接报后，应根据异常、故障情况做出正确的判断和相应处理。类似以上 10kV 接地故障发生时应迅速检查分析和处理，做到及时切除接地故障点（按要求不超过 2h）。

4.6 10kV 馈线因零序 TA 损坏导致接地变保护越级跳闸

4.6.1 故障前运行方式

T₁ 处于运行状态，10kV Ⅰ 段、10kV Ⅱ 段母线分列运行，连接 10kV Ⅰ 段、10kV Ⅱ 段母线的 QF₃ 断路器处于热备用状态，10kV QF₃ 备自投因涉安稳原因而退出（按调度要求），T₃ QF₅ 断路器和 10kV F₁ 馈线 QF₄ 断路器挂 10kV Ⅰ 段母线运行。一次接线图见图 4-14。

4.6.2 保护动作情况

4.6.2.1 第一次动作

T₃ QF₅ 断路器高压零序保护动作，跳开 QF₅、QF₁ 断路器，造成 Ⅰ 段母线失压。T₃ QF₅ 断路器保护定值为：零序 TA 变比 150/5，高压侧零序电流定值 3A（一次值为 90A），1s 跳 10kV 分段断路器并闭锁备自投，1.5s 跳主变 QF₁ 断路器及 QF₅ 断路器。

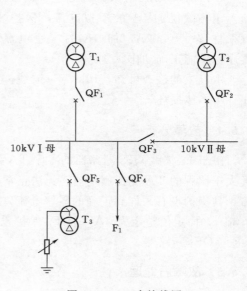

图 4-14 一次接线图

具体动作报文如下：

（1）2010 年 3 月 14 日 00 时 51 分 14 秒 625 毫秒，T_3 QF_5 断路器高压零流一时限出口，动作时间 1.012s，动作电流 $3I_0 = 5.68A$。

（2）2010 年 3 月 14 日 00 时 51 分 15 秒 133 毫秒，T_3 QF_5 断路器高压零流二时限出口，动作时间 1.520s，动作电流 $3I_0 = 4.87A$，跳 QF_1、QF_5 断路器。

4.6.2.2 第二次动作

初步检查后，运行人员对 10kV 断路器进行试送电。当合上 10kV F_1 馈线 QF_4 断路器后，T_3 QF_5 断路器保护再次动作，跳开 QF_1 和 QF_5 断路器。具体报文如下：

（1）2010 年 3 月 14 日 1 时 40 分 46 秒 947 毫秒，T_3 QF_5 断路器高压零流一时限出口，动作时间 1.011s，动作电流 $3I_0 = 5.50A$。

（2）2010 年 3 月 14 日 1 时 40 分 47 秒 454 毫秒，T_3 QF_5 断路器高压零流二时限出口，动作时间 1.518s，动作电流 $3I_0 = 4.90A$，跳开 QF_1、QF_5 断路器。

4.6.3 现场检查

根据运行人员送电时出现的故障情况，初步判断故障点位于 F_1。检查 F_1 的保护装置，但没有任何保护动作和相关报文。对 F_1 进行如下保护检查：

（1）零序 TA 一次升流试验。进行零序 TA 一次升流，一次电流加 40A，二次电流约为 0.09A。将零序 TA 的外回路解开，单独对零序 TA 进行一次升流，一次电流加 40A，二次电流约为 0.7A。

（2）伏安特性试验。测试该零序 TA 的伏安特性，数据见表 4-15。

（3）对 F_1 的零序 TA 回路进行二次升流。用测试仪加 1A 的模拟电流，保护装置采样显示 0.99A，加 3A 的零序电流，零序保护能正确动作。

表 4-15 零序 TA 伏安特性测试结果

序号	电流/A	电压/V
1	0.0038	0.5
2	2.1034	1.9
3	5.0892	3.9

由以上的检查可知，10kV F_1 馈线 QF_4 断路器的保护装置及保护回路正常，但其零序 TA 本体损坏。

4.6.4 故障分析

由于 F_1 馈线 QF_4 断路器的零序 TA 损坏，其特性已发生严重变化，导致 TA 变比远远大于铭牌的 TA 变比额定值，无法正常反映 F_1 的零序电流。当 F_1 馈线发生 B 相接地故障，其保护没有采样到正确的零序电流，发生故障时折算到 F_1 产生的二次零序电流约为 0.38A，而定值整定为 3A，故 F_1 保护没有动作，导致 T_3 保护零序保护动作越级跳开 QF_1、QF_5 断路器。

4.6.5 故障后处理

现场将 10kV F_1 馈线 QF_4 断路器的零序 TA 更换，试验正确后，送电运行正常。送电后 F_1 再次发生了接地故障，F_1 零序保护正确动作跳开 QF_4 断路器。

4.7 站用变兼接地变断路器偷跳

4.7.1 故障前运行方式

某 110kV 变电站，站用接地变 T_1 高压侧 QF_1 断路器处于运行状态，低压侧 QF_3 断路器带全站站用交流负荷；站用接地变 T_2 高压侧 QF_2 断路器处于运行状态，低压侧 QF_4 断路器处于热备用状态。

4.7.2 故障概况

2010 年 11 月 17 日 10 时 28 分 39 秒，某 110kV 变电站 10kV T_2 QF_2 断路器跳闸，集控未收到保护动作的相关报文。巡检人员到现场检查，T_2 保护装置没有动作报文。

4.7.3 保护定值设置

保护定值整定情况见表 4-16。

表 4-16 保护定值整定情况表

间 隔	TA 变比	定 值 设 置
T_2	100/5	Ⅱ段过流保护 $I=11A$，$t=0.5s$

4.7.4 现场检查

4.7.4.1 信息收集

（1）QF_2 断路器保护装置在该断路器跳闸时间段内无任何保护动作报告报文，在自检报告中有开入变位的相关信息。

（2）在后台机的历史记录内，可以查找出 QF_2 断路器跳闸记录，见表 4-17。

表 4-17 QF_2 断路器跳闸记录

时 间	报 文 信 息
10 时 28 分 39 秒	T_2 QF_2 断路器合位消除
10 时 28 分 39 秒	T_2 QF_2 断路器分位发生
10 时 28 分 39 秒	10kV T_2 跳位继电器位置分发生
10 时 28 分 39 秒	T_2 装置告警发生
10 时 28 分 39 秒	T_2 保护装置异常、故障信号发生
10 时 28 分 39 秒	10kV T_2 断路器分原因：保护故障跳闸
10 时 28 分 39 秒	10kV T_2 故障总信号动作
10 时 28 分 42 秒	T_2 交流失压发生
10 时 28 分 42 秒	10kV T_2 故障总信号复归
10 时 28 分 42 秒	T_2 失压发生
10 时 28 分 42 秒	T_2 装置告警消除
10 时 28 分 43 秒	T_2 保护装置异常、故障信号消除

4.7.4.2 模拟故障

（1）试验 QF_2 断路器远方/就地操作，分合闸正常。

（2）模拟接地变网门接点动作，跳开 QF_2 断路器，但后台机的记录中有"控制回路故障"信号报文，与 10 时 28 分的记录不相符，而且网门及其接点比较稳固，若非人为则不易动作。

（3）电动合上 QF_2 断路器后，模拟断路器偷跳，在 QF_2 断路器间隔用手按机构脱扣跳闸按钮，跳开 QF_2 断路器。再检查后台机报文，发现该次记录与 10 时 28 分的报文基本一致，见表 4 - 18。

表 4 - 18   模拟故障时 QF_2 的报文记录

时　　间	报　文　信　息
16 时 39 分 54 秒	10kV T_2 QF_2 断路器分位发生
16 时 39 分 54 秒	10kV T_2 跳位继电器位置分发生
16 时 39 分 54 秒	T_2 装置告警发生
16 时 39 分 54 秒	T_2 保护装置异常、故障信号发生
16 时 39 分 54 秒	10kV T_2 断路器分原因：保护故障跳闸
16 时 39 分 54 秒	10kV T_2 故障总信号动作
16 时 39 分 57 秒	10kV T_2 故障总信号复归
16 时 39 分 57 秒	T_2 装置告警消除
16 时 39 分 57 秒	T_2 保护装置异常、故障信号消除

4.7.5 故障初步分析

根据以上检查，初步怀疑是 QF_2 断路器偷跳。在某 110kV 变电站该型号设备已发生多起断路器偷跳的问题。

4.8 10kV 线路相继故障引起接地变保护动作跳闸

4.8.1 故障前运行方式

T_2 转检修，T_1 低压侧带 10kV Ⅰ 段及 Ⅱ 甲段母线运行，T_3 低压侧带 10kV Ⅲ 段及 Ⅱ 乙段母线运行。10kV 接地系统为小电阻接地系统，并已投入运行。F_1、F_2 和 T_4 挂 10kV Ⅰ 段母线运行。一次接线图见图 4 - 15。

4.8.2 故障概况

某 110kV 变电站，2011 年 9 月 22 日 9 时 13 分，10kV F_1、F_2 先后发生接地故障，零序保护先后动作，延时 0.5s 分别跳开 QF_{10}、QF_{11} 断路器，T_4 零序保护 Ⅰ 段保护动作，延时 1.050s 跳开分段断路器 QF_5，造成 10kV Ⅱ 甲段母线失压。

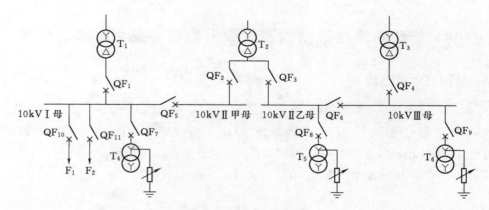

图 4 - 15   一次接线图

4.8.3 相关保护定值整定情况

保护定值整定情况见表 4 - 19。

表 4 - 19   保护定值整定情况表

序　号	间　隔	零序 TA 变比	定　值　设　置
1	10kV F_1、F_2 保护	150/5	零序过流保护定值 $I_0 = 60A$，$t = 0.5s$
2	T_4 保护	150/5	零序过流 I 段保护定值 $I_{01} = 90A$，$t_{01} = 1s$

4.8.4 现场检查情况分析

经继保人员到现场检查，有如下保护动作信息：

（1）F_1 故障电流存在时间为 9 时 13 分 14 秒 891 毫秒（启动）—9 时 13 分 15 秒 391 毫秒（出口），故障持续时间为 0.5s，故障零序电流为 13.5A（二次值，远大于整定值 2A）。

（2）F_2 故障电流存在时间为 9 时 13 分 15 秒 441 毫秒（启动）—9 时 13 分 15 秒 941 毫秒（出口），故障持续时间为 0.5s，故障零序电流为 4.97A（二次值，大于整定值 2A）。

（3）T_4 故障电流存在时间为 9 时 13 分 14 秒 901 毫秒—9 时 13 分 15 秒 901 毫秒，故障时间达到零序 I 段延时值 1.0s，故障零序电流为 13.9A（二次值，大于整定值 3A）。

综合上述（1）~（3）分析可知，2011 年 9 月 22 日 9 时 13 分，10kV F_1、F_2 先后发生接地故障，馈线零序过流保护相继动作，跳开 QF_{10}、QF_{11} 断路器。由于两条线路均为全电缆出线，未投入重合闸功能。其故障电流及叠加动作延时已达到 T_4 零序 I 段保护动作值 1s，进而造成 T_4 零序 I 段过流保护动作，跳开 QF_5 断路器。

4.8.5 保护动作情况初步判定

经综合分析，本次所有保护动作均正确。

4.9　10kV 线路断路器跳闸线圈烧毁引起接地变保护越级跳闸

4.9.1　故障前运行方式

某 110kV 变电站，T_1 带 10kV Ⅰ段母线运行，T_2 带 10kV Ⅱ甲、Ⅱ乙段母线运行，T_3 带 10kV Ⅲ段母线运行；10kV 分段断路器 QF_5、QF_6 热备用；QF_5、QF_6 备自投处于充电状态；其中 10kV F_1 馈线 QF_{10} 断路器挂 10kV Ⅱ甲段母线运行，10kV T_5 挂 10kV Ⅱ乙段母线运行。一次接线图见图 4-16。

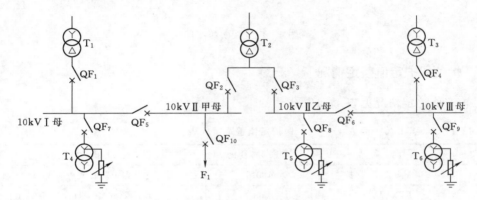

图 4-16　一次接线图

4.9.2　保护动作及断路器跳闸情况

2012 年 5 月 30 日 18 时 7 分 37 秒 182 毫秒，10kV F_1 馈线线路发生故障，10kV F_1 馈线瞬时电流速断保护、限时电流速断保护、零序过流保护均动作，但保护发 QF_{10} 断路器跳闸时由于分闸线圈烧坏，不能正常分闸，导致 QF_{10} 断路器没有跳开，同时保护装置发出控制回路断线告警信号；由于故障仍然存在，2012 年 5 月 30 日 18 时 7 分 39 秒 511 毫秒 T_5 零序过流Ⅱ段保护动作跳 QF_2 断路器、QF_3 断路器，故障切除。

4.9.3　涉及的断路器、保护基本配置情况

断路器配置见表 4-20。

表 4-20　　　　　　　　　　　　断 路 器 配 置 表

变电站名称	某 110kV 变电站	设备名称	QF_{10}断路器
设备安装位置	10kV 高压室	出厂日期	2000 年 5 月
投产日期	2001 年 6 月		

保护配置见表 4-21。

表 4 - 21 保护配置表

序号	间 隔	投 产 日 期
1	QF_{10} 断路器保护	2008 年 9 月
2	T_5 保护	2001 年 6 月

4.9.4 保护动作信息

10kV F_1 馈线保护动作报文见表 4 - 22。

表 4 - 22 10kV F_1 馈线保护动作报文

序号	时 间	报 文 信 息
1	2012 年 5 月 30 日 18 时 7 分 37 秒 182 毫秒	A 相故障，故障电流 I_a ＝62.99A （一次值 7558.8A），瞬时电流速断保护动作
2	2012 年 5 月 30 日 18 时 7 分 37 秒 350 毫秒	A 相故障，故障电流 I_a ＝72.66A （一次值 8719.2A），限时电流速断保护动作
3	2012 年 5 月 30 日 18 时 7 分 37 秒 705 毫秒	C、A 相故障，故障电流 I_c ＝58.43A （一次值 7011.6A），瞬时电流速断保护动作
4	2012 年 5 月 30 日 18 时 7 分 37 秒 912 毫秒	A 相故障，故障电流 I_a ＝67.81A （一次值 8137.2A），瞬时电流速断保护动作
5	2012 年 5 月 30 日 18 时 7 分 39 秒 250 毫秒	控制回路断线
6	2012 年 5 月 30 日 18 时 7 分 39 秒 263 毫秒	零序故障电流 $3I_0$ ＝7.26A （一次值 145.2A），零序过流保护跳闸
7	2012 年 5 月 30 日 18 时 7 分 39 秒 11 毫秒	零序故障电流 $3I_0$ ＝4.97A （一次值 149.1A），高压侧零序过流 I 段保护动作
8	2012 年 5 月 30 日 18 时 7 分 39 秒 511 毫秒	零序故障电流 $3I_0$ ＝5.09A （一次值 152.7A），高压侧零序过流 II 段保护动作

4.9.5 现场检查及处理情况

（1）继保人员在不改变现场设备状态的情况下，记录变电站后台机告警、断路器量变位等信息及 F_1 馈线、T_5 保护装置保护动作信息，分析保护动作情况。

（2）检修人员、继保人员与值班员共同检查 F_1 馈线 QF_{10} 开关柜设备情况，发现 QF_{16} 断路器机构内发出线圈烧焦的异味，确认分闸线圈烧坏（图 4 - 17），导致断路器不能分闸。

（3）由检修班对 QF_{10} 断路器机构详细检

图 4 - 17 现场拍摄烧坏的分闸线圈

查，更换分闸线圈，并测试断路器机构，分合闸动作正常。

（4）继保人员现场核对 10kV F_1 馈线保护定值正确，加入电流采样值试验正确，分别加入模拟电流，瞬时电流速断保护、限时电流速断保护、零序过流保护定值的故障量各功能保护均能正确动作；QF_{10} 断路器更换分闸线圈处理后，保护整组传动断路器正确跳闸。

（5）继保人员现场检查 T_2 各项保护动作逻辑均正确，现场核对保护定值正确。

4.9.6　断路器及保护检修和定检情况

经检查现场相关检修、定检记录，发现 10kV F_1 在 2006 年 4 月开展过维修、定检工作，之后未见维修、定检记录。

4.9.7　一次设备故障情况初步判定

F_1 断路器机构在 2006 年 4 月开展了断路器维修工作，由于分闸线圈绝缘老化、性能下降，导致断路器不能正常分闸。当保护发出跳闸脉冲，而线圈不能分闸且较长时间通电（持续时间约 2s）时，最后导致线圈烧坏。

4.9.8　保护动作行为的初步判定

从保护动作情况及故障录波图可知，10kV F_1 馈线线路发生故障，由开始的 A、B 相相间短路故障发展成三相短路故障，最后出现线路接地故障，10kV F_1 馈线瞬时电流速断保护、限时电流速断保护、零序过流保护均正确动作。但因 QF_{10} 断路器分闸线圈绝缘老化烧坏，导致保护发出跳闸脉冲后 QF_{10} 断路器拒动，进而引起 T_5 高压侧零序过流 Ⅱ 段保护动作越级跳闸，跳开 QF_2、QF_3 断路器，致使 10kV Ⅱ甲段、Ⅱ乙段母线失压。

4.9.9　防范措施

（1）在某 110kV 变电站 10kV Ⅱ甲、Ⅱ乙段抽选一条线路间隔及电容器间隔，进行保护定检及断路器维护工作，以确认其他间隔不存在同类问题。

（2）建议对投运超过 10 年的一次、二次设备，增加相应的保护定检及断路器维护次数，确保运行年限较长的设备健康、安全运行。

4.10　10kV 线路单相接地引起其他线路绝缘击穿接地变保护越级跳闸

4.10.1　故障前运行方式

110kV 甲线供 T_1 带 10kV Ⅰ段母线运行；同时，该线路经桥路 QS_1 隔离开关供 T_2 带 10kV Ⅱ甲段、Ⅱ乙段母线运行，110kV 乙线供 T_3 带 10kV Ⅲ段母线运行；桥路 QS_2 隔离开关在拉开位置。

T_4 高压侧 QF_{10} 断路器，10kV F_1 馈线 QF_{11} 断路器，10kV $F_4 \sim F_6$、F_{11}、F_{12} 均挂

10kV Ⅰ段母线运行；母联断路器 QF$_5$、QF$_6$ 在热备用状态。一次接线图见图 4 - 18。

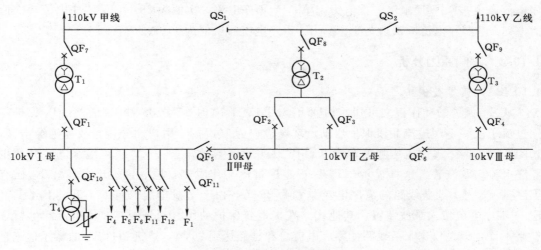

图 4 - 18　一次接线图

4.10.2　保护动作情况

4.10.2.1　T$_4$ 保护

2012 年 8 月 11 日 10 时 35 分 38 秒 15 毫秒，T$_4$ 保护零序过流Ⅰ段保护、零序过流Ⅱ段保护启动。

2012 年 8 月 11 日 10 时 35 分 39 秒 100 毫秒，T$_4$ 零序过流Ⅱ段保护出口，跳开 T$_1$ 低压侧 QF$_1$ 断路器、T$_4$ 高压侧 QF$_{10}$ 断路器。

4.10.2.2　QF$_{11}$ 断路器保护

2012 年 8 月 11 日 10 时 35 分 38 秒 342 毫秒，F$_1$ QF$_{11}$ 断路器保护零序过流保护启动。

2012 年 8 月 11 日 10 时 35 分 39 秒 125 毫秒，F$_1$ QF$_{11}$ 零序过流保护出口跳开 QF$_{11}$ 断路器，重合闸动作。

2012 年 8 月 11 日 10 时 35 分 40 秒 204 毫秒，重合闸出口合上 QF$_{11}$ 断路器。

2012 年 8 月 11 日 10 时 35 分 40 秒 448 毫秒，F$_1$ QF$_{11}$ 断路器保护零序过流保护再次启动。

2012 年 8 月 11 日 10 时 35 分 41 秒 235 毫秒，F$_1$ QF$_{11}$ 零序过流保护出口再次跳开 QF$_{11}$ 断路器。

4.10.3　现场检查情况

（1）T$_4$ 保护零序过流Ⅰ段、零序过流Ⅱ段定值均为 3A，动作时限为 1s；零序 TA 变比为 150/5；保护动作报文显示的最终故障电流为：二次值为 16.09A，一次值为 482A。

（2）QF$_{11}$ 断路器保护零序过流定值为 3A，动作时限为 0.7s，重合闸时限为 1s，后加速功能退出；零序 TA 变比为 100/5；保护动作报文显示的最终故障电流为：二次值为 17.05A，一次值为 341A。

（3）录波装置采样显示，T_4 保护零序过流动作时刻，F_4、F_5、F_6、F_{11}、F_{12} 均有零序电流产生，F_4 零序电流一次值为 10A，F_5 零序电流一次值为 28A，F_6 零序电流一次值为 6A，F_{11} 零序电流一次值为 104A，F_{12} 零序电流一次值为 116A。

4.10.4 跳闸原因分析

4.10.4.1 接地变保护

从 T_4 保护的动作报文可知，2012 年 8 月 11 日 10 时 35 分 38 秒 15 毫秒，T_4 保护零序过流Ⅰ段、零序过流Ⅱ段保护启动。现场检查为 10kV F_2 用户侧分接箱故障绝缘击穿，10kV Ⅰ段母线 A 相电压降低，B、C 相电压升高，导致多条 10kV 线路绝缘击穿并产生零序电流。录波装置采样显示，T_4 保护零序过流动作时刻，F_4、F_5、F_6、F_{11}、F_{12} 已有零序电流产生，5 条线路的零序电流总和为 264A，由于Ⅰ段母线只有 F_4、F_5、F_6、F_{11}、F_{12} 的零序电流接入录波装置，其他线路在接地变保护动作时刻是否有零序电流产生暂可忽略不计，但是仅这 5 条线路的零序电流总和已经达到 264A，远远超过 T_4 的零序过流整定值（一次值为 90A）。2012 年 8 月 11 日 10 时 35 分 39 秒 100 毫秒，零序过流Ⅱ段保护出口，跳开 T_1 低压侧 QF_1 断路器、T_4 高压侧 QF_{10} 断路器。T_4 保护由启动到保护出口约 1s（整定值为 1s）。从上述数据分析可知，T_4 保护动作正确。

4.10.4.2 F_1 馈线保护

从 F_1 馈线保护的动作报文可知，2012 年 8 月 11 日 10 时 35 分 38 秒 342 毫秒，QF_{11} 断路器保护零序过流保护启动；现场检查为 10kV F_1 用户侧分接箱故障绝缘击穿所致，产生的零序电流为 341A（整定为 60A）；2012 年 8 月 11 日 10 时 35 分 39 秒 125 毫秒，零序过流保护出口跳开 QF_{11} 断路器，重合闸动作；F_1 馈线保护由启动到保护出口约 0.7s（整定值为 0.7s）。从上述数据分析，F_1 馈线保护动作正确。

4.10.4.3 T_4 保护及 F_1 馈线保护的综合分析

两套保护的启动时间分别为：①2012 年 8 月 11 日 10 时 35 分 38 秒 15 毫秒，T_4 保护零序过流Ⅰ段、零序过流Ⅱ段保护启动；②2012 年 8 月 11 日 10 时 35 分 38 秒 342 毫秒，QF_{11} 断路器保护零序过流保护启动。从两套保护的启动时间分析，T_4 保护的启动时间由于首先检测到其他馈线柜的接地零序电流比 F_1 馈线保护的启动时间早 300ms，300ms 后，F_1 线路故障所产生的接地零序电流达到 F_1 馈线保护的启动值而展开计时，即：①2012 年 8 月 11 日 10 时 35 分 39 秒 100 毫秒，T_4 零序过流Ⅱ段保护出口，跳开 T_1 低压侧 QF_1 断路器、T_4 高压侧 QF_{10} 断路器；②2012 年 8 月 11 日 10 时 35 分 39 秒 125 毫秒，F_1 零序过流保护出口跳开 QF_{11} 断路器，重合闸动作。从两套保护的动作出口时间分析，两套保护的动作出口时间基本一致，与上述分析数据吻合，最终确定 T_4 保护及 F_1 馈线保护动作正确。

4.10.4.4 T_4 保护动作跳开 QF_{10} 断路器后的分析

在 T_4 保护动作跳开 QF_{10} 断路器后，原本 10kV Ⅰ段母线的接地系统（小电阻接地）与带电设备随即断开。但是，F_1 断路器跳开后重合闸动作合闸于永久性故障，于 2012 年 8 月 11 日 10 时 35 分 41 秒 235 毫秒，零序过流保护出口再次跳开 QF_{11} 断路器。根据上述现象，可判断 10kV Ⅰ 段母线的接地系统除了通过本站 T_4 的小电阻接地外，还有第二个接地系统的存在。建议重点检查电厂侧的一次系统接线及运行方式是否存在厂用变中性点接地的情况。从另一角度考虑，若电厂侧没有第二个接地系统存在，在 F_1 断路器重合后，也可将 F_1 线路的故障点视为新的 10kV Ⅰ 段母线接地系统的接地点，此时，由于其他馈线柜线路绝缘未恢复，仍然存在接地现象，与 F_1 线路的故障点构成新的零序网络，最终 F_1 第二次零序过流保护出口再次跳开 QF_{11} 断路器，隔离故障点；判断为 10kV Ⅰ 段母线动作正确。

4.10.5 保护分析结论

从上述具体数据的分析可知，T_4 保护及 F_1 馈线保护动作行为正确。

4.10.6 建议

（1）进一步核查电厂侧相关设备的运行方式及厂用变的接地方式。

（2）制定相关规定，明确 110kV 变电站录波装置所需要接入的间隔的模拟量及开关量，以保证相关设备故障时可以通过录波装置进行详细分析。

4.11 网门直跳回路误接通引起站用兼接地变跳闸

4.11.1 故障前运行方式

某 110kV 变电站，T_1、T_2、T_3 分别带 10kV Ⅰ 段、Ⅱ甲段、Ⅱ乙段、Ⅲ段母线运行，分段断路器 QF_5、QF_6 热备用，全站站用负荷由 T_4 供电，T_6 在充电状态，T_6 高压侧 QF_9 断路器在分闸位置。一次接线图见图 4-19。

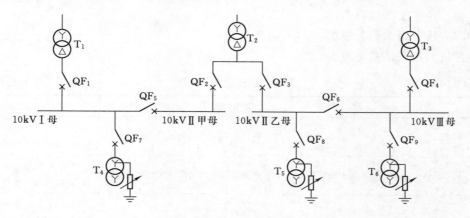

图 4-19　一次接线图

4.11.2 保护基本配置情况

保护定值整定情况见表 4-23。

表 4 - 23　　　　　　　　　　　　保护定值整定情况表

序　号	间　隔	相 关 定 值 整 定
1	T_4、T_6	高压Ⅰ段过流保护电流整定为 0.66A（一次值为 396A），时间整定为 0s；高压Ⅱ段过流保护电流整定为 0.16A（一次值为 96A），时间整定为 2.5s

4.11.3 T_4、T_6 跳闸经过

（1）3月6日14时30分，按照工作计划，集控中心人员在某110kV变电站开展地面清洁工作。

（2）15时16分，T_6 QF$_9$ 断路器跳闸；15时20分，T_4 QF$_7$ 断路器跳闸；同时，全站照明失电。

（3）15时21分，某110kV变电站 T_4、T_6 连续跳闸，接到通知后集控中心人员立即停止工作，并对 T_4、T_6 接地变一次、二次设备及后台信息进行检查，经检查发现一次、二次设备全部正常，保护无任何信息。

（4）16时15分，值班人员准备进行复电工作，但试送过程中 QF$_7$ 断路器合不上。值班人员再次检查保护装置，也没有发现任何保护动作信息，于是人为轻轻动一下网门，此时听到网门行程断路器发出"嘀"的一声。初步认为是网门关得不严引起断路器跳闸，运行人员对 T_4、T_6 网门进行临时固定，完成了 T_4、T_6 送电工作。

4.11.4 继保人员现场检查情况

4.11.4.1 保护定值、相关开入量、压板检查情况

经现场核对 T_4、T_6 定值整定正确。投入的压板有：保护跳 T_4 QF$_7$ 断路器出口压板；T_4 网门跳 QF$_7$ 断路器出口压板；保护跳 T_6 QF$_9$ 断路器出口压板；T_6 网门跳 QF$_9$ 断路器出口压板。经核实，均正确。

4.11.4.2 后台报文检查情况

监控后台报文信息见表 4 - 24。

表 4 - 24　　　　　　　　　　　监 控 后 台 报 文 信 息

序号	间　隔	设备	动 作 信 号	动作类型	动 作 时 间
1	T_6 间隔	未知设备	QF$_9$ 断路器控制回路断线	接点动作	2013 年 3 月 6 日 15 时 16 分 13 秒 810 毫秒
2	T_6 间隔	未知设备	QF$_9$ 断路器控制回路断线	接点复归	2013 年 3 月 6 日 15 时 16 分 13 秒 851 毫秒
3	T_6 间隔	QF$_9$ 断路器	QF$_9$ 断路器	分	2013 年 3 月 6 日 15 时 16 分 13 秒 777 毫秒
4	合成遥信	未知设备	QF$_9$ 保护装置故障总信号	接点复归	2013 年 3 月 6 日 15 时 15 分 15 秒 922 毫秒
5	10kV 母线 TV 间隔	未知设备	T_6 380V 侧进线缺相	接点动作	2013 年 3 月 6 日 15 时 16 分 15 秒 142 毫秒

序号	间 隔	设备	动 作 信 号	动作类型	动 作 时 间
6	合成遥信	未知设备	QF_9 保护装置故障总信号	接点动作	2013 年 3 月 6 日 15 时 16 分 15 秒 5 毫秒
7	10kV 母线 TV 间隔	未知设备	T_6 380V 侧进线缺相	接点复归	2013 年 3 月 6 日 15 时 16 分 20 秒 523 毫秒
8	10kV 母线 TV 间隔	未知设备	T_6 380V 侧进线失压	接点动作	2013 年 3 月 6 日 15 时 16 分 20 秒 525 毫秒
9	1 号直流监控器间隔	未知设备	Ⅰ段直流系统故障	接点动作	2013 年 3 月 6 日 15 时 20 分 5 秒 901 毫秒
10	1 号直流监控器间隔	未知设备	Ⅰ段交流故障	接点动作	2013 年 3 月 6 日 15 时 20 分 5 秒 901 毫秒
11	UPS 间隔	未知设备	UPS 屏市电异常	接点动作	2013 年 3 月 6 日 15 时 20 分 43 秒 515 毫秒
12	T_4 间隔	未知设备	QF_7 断路器控制回路断线	接点动作	2013 年 3 月 6 日 15 时 20 分 43 秒 448 毫秒
13	2 号消弧中心屏间隔	未知设备	2 号中心屏交流失电告警	接点动作	2013 年 3 月 6 日 15 时 20 分 43 秒 962 毫秒
14	T_4 间隔	未知设备	QF_7 断路器控制回路断线	接点复归	2013 年 3 月 6 日 15 时 20 分 43 秒 488 毫秒
15	1 号消弧中心屏间隔	未知设备	1 号中心屏交流失电告警	接点动作	2013 年 3 月 6 日 15 时 20 分 43 秒 921 毫秒
16	T_4 间隔	QF_7 断路器	QF_7 断路器	分	2013 年 3 月 6 日 15 时 20 分 43 秒 381 毫秒
17	2 号直流监控器间隔	未知设备	Ⅱ段交流故障	接点动作	2013 年 3 月 6 日 15 时 20 分 44 秒 276 毫秒
18	2 号直流监控器间隔	未知设备	Ⅱ段直流系统故障	接点动作	2013 年 3 月 6 日 15 时 20 分 44 秒 275 毫秒
19	合成遥信	未知设备	QF_7 保护装置故障总信号	接点复归	2013 年 3 月 6 日 15 时 20 分 45 秒 959 毫秒
20	合成遥信	未知设备	QF_7 保护装置故障总信号	接点动作	2013 年 3 月 6 日 15 时 20 分 45 秒 41 毫秒
21	合成遥信	未知设备	UPS、逆变电源故障信号	接点动作	2013 年 3 月 6 日 15 时 20 分 45 秒 208 毫秒
22	合成遥信	未知设备	消弧装置故障总信号	接点动作	2013 年 3 月 6 日 15 时 20 分 46 秒 125 毫秒

序号	间隔	设备	动作信号	动作类型	动作时间
23	合成遥信	未知设备	直流系统异常/故障总信号	接点动作	2013 年 3 月 6 日 15 时 20 分 46 秒 125 毫秒
24	合成遥信	未知设备	充电装置交流输入自动切换（异常）	接点动作	2013 年 3 月 6 日 15 时 20 分 47 秒 125 毫秒
25	1 号直流监控器间隔	未知设备	一路交流故障	接点动作	2013 年 3 月 6 日 15 时 20 分 47 秒 106 毫秒
26	1 号直流监控器间隔	未知设备	二路交流故障	接点动作	2013 年 3 月 6 日 15 时 20 分 47 秒 106 毫秒
27	10kV 母线 TV 间隔	未知设备	T_4 380V 侧进线失压	接点动作	2013 年 3 月 6 日 15 时 20 分 55 秒 516 毫秒
28	合成遥信	未知设备	站用变（接地变）失压信号	接点动作	2013 年 3 月 6 日 15 时 20 分 57 秒 810 毫秒

4.11.4.3　跳闸回路检查

某 110kV 变电站 T_4、T_6 设计有网门打开跳闸回路，操作正电源通过网门接点（常闭）再经过压板"LP2 T_4（T_6）网门跳 QF_7（QF_9）断路器出口"接入保护跳闸回路 R33，回路图见图 4-20。

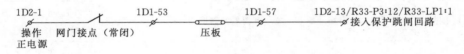

图 4-20　跳闸回路

4.11.5　跳闸原因初步判定

清洁人员相继在 T_4、T_6 本体室内的网门附近进行清洁工作时，拖把触碰到网门下端，造成网门振动，网门与上端行程开关接触松动，行程开关接点闭合，跳闸回路接通，造成 QF_9 断路器及 QF_7 断路器相继跳闸。

4.11.6　原因分析

4.11.6.1　直接原因

清洁人员在清洁过程中触动网门，引起行程开关接点动作，造成断路器跳闸。

4.11.6.2　间接原因

（1）工作人员对设备不够熟悉，现场作业危险点风险辨识及预控措施不到位。

（2）网门与辅助开关的间隙过宽，造成行程开关触点行程过短，易造成网门振动时误跳断路器。

（3）网门与辅助开关的间隙、行程开关触点行程的安装工艺不够严谨，验收规范存在真空。

（4）设计时未考虑网门与行程开关的间隙、材质、配合。

4.11.7 防范措施

（1）全面核查所有接地变网门跳闸及闭锁合闸等回路设计，对于有该回路设计的接地变申请停电全面检查行程开关安装是否合理，并及时进行整改。

（2）在网门处粘贴运行提示标识牌"此网门有联跳断路器回路"，防止因触碰网门造成误跳断路器。

（3）申请某110kV变电站T_4、T_5、T_6停电，重新模拟事件发生经过，检查网门行程开关行程是否过短，是否需调整或更换行程开关。

（4）规范对有网门跳闸回路的设计，建议取消接地变、站用变网门联跳回路。

4.12 保护插件老化引起的站用变兼接地变保护动作

4.12.1 故障前运行方式

T_1带10kVⅠ段母线运行，T_2带10kVⅡ甲、Ⅱ乙段母线运行，T_3带10kVⅢ段母线运行，10kV分段断路器QF_5、QF_6热备用，T_5挂10kVⅡ乙段母线运行，10kV T_4、T_5、T_6系统带小电阻接地运行，一次接线图见图4-19。

4.12.2 故障概况

2014年2月10日8时26分50秒585毫秒，10kV T_5保护定时限过流保护动作，并出口跳闸跳开10kV T_5 QF_8断路器。

4.12.3 设备的基本情况

涉及的一次设备为T_5 QF_8断路器。保护配置情况见表4-25。

表4-25　　　　　　　　　　保护配置情况表

保护名称	10kV T_5保护	投运时间	2001年6月1日
装置参数	220V，5A	TA变比	开关TA 100/5，零序TA 150/5
生产日期	2000年6月20日		
相关保护定值整定	定时限过流定值3A，定时限过流时间2.5s		

4.12.4 检查情况

4.12.4.1 一次设备检查情况

检查T_5本体、开关柜无异常情况。

4.12.4.2 保护装置动作信息收集

（1）T_5 QF_8断路器保护装置动作报文显示过电流保护动作，动作电流为7.55A（一次151A），报三相故障。

（2）10kV QF_8 断路器跳闸后，T_5 保护装置仍然出现 32 次保护动作报文。

（3）检查 T_5 保护精度采样，发现三相电流采样在不断、无规则跳变，最大可达到 8.2A。

4.12.4.3 保护定值、相关开入量、压板检查情况

检查 T_5 QF_8 断路器保护定值执行正确，并与值班员核对无误，现场开入量正确，压板投入正确。

4.12.4.4 后台报文情况检查

T_5 保护动作跳闸出口后，T_5 保护仍然出现 32 次动作的情况。

4.12.4.5 装置校验

（1）T_5 QF_8 断路器转冷备用后，发现三相电流采样仍在不断、无规则跳变，用电流钳表测试二次回路电流为 0。解开二次电流回路端子连片，电流采样仍在跳变，且 T_5 保护装置仍然不定时出现保护动作报文，说明非二次回路问题。

（2）重新合上 10kV QF_8 断路器，投入出口压板，测试 T_5 保护动作时是否会可靠出口跳开 QF_8 断路器。

（3）加二次电流进行采样检验，装置不能正常显示加入的电流值，采样仍在跳变。

（4）更换 T_5 保护 CPU 插件，装置采样恢复正常。

（5）按照定检检验项目，对 T_5 保护进行检验，检验结果合格。

4.12.4.6 保护定检及状态评价情况

（1）T_5 保护上次定检时间为 2006 年 3 月 16 日，按照 6 年定检周期，到期日期为 2012 年 3 月 16 日。根据文件要求，2011 年开始全面开展 10kV 继电保护装置状态检验工作。2011—2013 年对 10kV 继保设备开展状态评价，某 110kV 变电站 T_5 保护评价为"二级设备"，检修策略为：开展年度不停电状态检查，无需定检。

（2）2013 年 6 月 28 日，结合迎峰度夏检查，对某 110kV 变电站 T_5 保护进行状态检查，包括模拟量状态、开入量状态、指示灯状态、回路状态、保护定值、压板投退情况，检查结果为正常状态。

（3）2012 年已立项 2013 年对某 110kV 变电站进行综自改造，但由于上级单位最终批复不同意，以致项目推迟至 2014 年开展。

4.12.5 事件原因综合分析

（1）T_5 保护装置 CPU 插件由于老化出现故障，导致装置采样异常。

（2）采样异常值达到 3A，且持续时间超过 2.5s 后，保护动作出口跳开 QF_8 断路器。

4.12.6 暴露的主要问题

4.12.6.1 设备质量问题

某 110kV 变电站保护装置运行年限超过 10 年，装置内部出现明显的老化迹象，特别是 CPU 插件和操作插件，给设备正常运行带来隐患。

4.12.6.2 设备运维问题

近年来，为提高供电可靠性，10kV 保护实施了状态检修，但由于状态检修策略还在

摸索阶段，对一些比较隐蔽的附件不能进行有效维护。

4.12.7 整改措施

（1）2014年2月13日前，继保班组对运行中的同类保护设备进行一次专业巡视，确保装置运行正常，之后每季度开展一次专业巡视。

（2）结合日常巡视，集控中心增加对以上同型号保护设备的精度采样检查，每月开展一次，若发现采样异常，立刻通知继保人员检查处理。

（3）回收同型号的旧保护设备插件，确保该类保护备件充足，应急时可以使用。

（4）2015年已立项对旧站保护进行改造。

（5）由于该类型保护装置运行年限达12年，建议调控中心下令退出该类接地变保护联跳分段断路器、联跳主变低压侧断路器的压板。

4.13 TA变比整定错误引起的站用兼接地变跳闸

4.13.1 故障前运行方式

T_1、T_2、T_3分列运行，T_4和F_1馈线挂10kV Ⅰ段母线运行。一次接线图见图4-21。

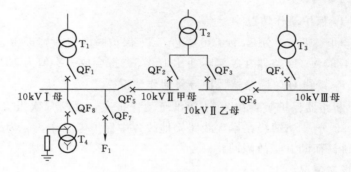

图4-21 一次接线图

4.13.2 事件经过及处理情况

2014年6月3日3时51分，某110kV变电站T_4 QF_8断路器跳闸。

4时20分，现场检查发现保护装置瞬时过流保护动作，QF_8断路器及T_4本体没有异常情况。

11时59分，将T_4由热备用转检修。

13时3分，T_4 QF_8断路器保护动作跳闸检查及保护定值更改。

20时20分，将T_4由检修转运行，送电正常。

4.13.3 保护配置

保护配置见表4-26和表4-27。

表 4 - 26　　　　　　　　　　　　　　**保 护 配 置 表 1**

保护名称	T₄ 保护	出厂时间	2005 年 5 月 1 日
装置参数	5A	TA 变比	150/5（断路器） 150/5（零序保护） 100/5（零序录波）
相关保护定值整定	瞬时电流速断保护投退（投入） 瞬时电流速断保护整定值为 2.2A（一次值 260A）		

表 4 - 27　　　　　　　　　　　　　　**保 护 配 置 表 2**

保护名称	F₁ 馈线 QF₇ 断路器保护	出厂时间	2005 年 5 月 1 日
装置参数	220V，5A	TA 变比	600/5（断路器） 75/5（零序保护） 75/5（零序录波）
相关保护定值整定	零序过流保护投退（投入） 零序过流保护整定值为 60A（二次值为 4A） 零序过流保护时限为 0.5s		

4.13.4　保护动作情况

4.13.4.1　10kV T₄ 保护动作情况

2014 年 6 月 3 日 3 时 51 分 25 秒 526 毫秒，T₄ 保护瞬时电流速断保护动作，三相故障，故障电流为 4.39A（断路器 TA 实际变比 150/5，折合成一次值为 131.7A）。

4.13.4.2　10kV F₁ 馈线 QF₇ 断路器保护装置动作情况

F₁ 馈线 QF₇ 断路器保护装置在 2014 年没有动作报文，最新一次报文时间为 2013 年 10 月 29 日 17 时 32 分。F₁ 馈线在本次线路接地故障中保护未动作，因为故障时间未达到定值 0.7s 就 T₄ 跳开而断开了故障回路。

4.13.4.3　后台报文情况

监控后台显示，2014 年 6 月 3 日 3 时 51 分 25 秒 526 毫秒，T₄ QF₈ 断路器保护瞬时电流速断保护动作（故障类型为三相短路故障），故障电流为 4.39A；2014 年 6 月 3 日 3 时 51 分 25 秒 600 毫秒，T₄ QF₈ 断路器保护瞬时电流速断保护动作返回。

4.13.4.4　故障录波情况

从 F₁ 零序电流录波图看，2014 年 6 月 3 日 3 时 51 分，F₁ 馈线 QF₇ 断路器发生 A 相单相瞬时接地，零序电流幅值 34.25A，折算成有效值为 24.22A（零序 TA 变比为 75/5，一次值 363.33A），故障电流持续 77ms 后消失。

2014 年 6 月 3 日 3 时 51 分 T₄ 出现零序电流幅值为 26.73A，折算成有效值为 18.9A（零序录波 TA 变比为 100/5，一次值为 378.07A），故障电流持续 77ms 后消失。

2014 年 6 月 3 日 3 时 51 分，10kV Ⅰ段母线电压 U_a 下降到 21V 左右，U_b、U_c 分别上升至 94V、92V 左右；零序电压为 87.34V。故障电压持续 77ms 后恢复正常。

4.13.4.5 断路器 TA 变比检查

检查 T_4 断路器 TA 变比，一次升流数据见表 4-28。一次升流 TA 变比为 150/5，与 TA 铭牌相符。保护装置精度正确。

表 4-28　　T_4 QF_8 断路器三相 TA
一次升流数据

一次值/A	二次值/A	变比
9	0.29	31
18	0.59	30.5

4.13.5　保护定值、相关开入量、压板检查情况

4.13.5.1　保护定值整定检查

检查 T_4 保护定值，按定值单执行，保护装置内定值执行与定值单内容相符；保护装置相关开入量正确，压板投入正确；定值单内断路器 TA 变比为 600/5。

检查 F_1 馈线 QF_7 断路器保护，按定值单执行，定值核对正确，保护装置相关开入量正确，压板投入正确。

4.13.5.2　相关定值单检查

T_4 定值单最近执行过的 3 份定值单，分别为：

(1) 2004 年执行的 04-478-00（断路器 TA 变比 150/5）。

(2) 2013 年执行的 13-0617-接地变 2（断路器 TA 变比 600/5）。

(3) 2014 年执行的 13-1551-02（断路器 TA 变比 600/5）。

本次 T_4 保护动作事件中，保护装置使用的定值单为编号 13-1551-02。

4.13.6　原因分析

4.13.6.1　T_4 动作原因分析

结合录波图分析可知，10kV F_1 馈线发生 A 相单相瞬时接地，导致 T_4 断路器 TA 三相电流增大，故障电流为 4.39A（二次值），达到装置瞬时电流整定值动作电流 2.2A（二次值），时间为 0s，因此 T_4 瞬时电流保护动作。电流分析见图 4-22。

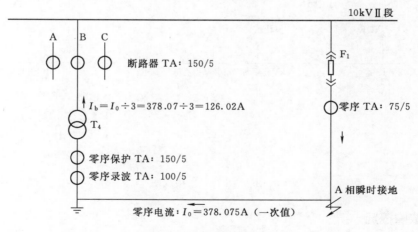

图 4-22　电流分析图

F_1 馈线零序电流为 363.33A（一次值），T_4 零序电流为 378.07A（一次值），此处取

378.07A（一次值）进行计算。

由保护对断路器三相电流采样可得，断路器三相电流大小相等，则断路器单相电流为零序电流的 1/3，即 $I_b = I_0 = 378.07A \div 3 = 126.02A$（一次值）。折算成二次值为 4.2A（与 T_4 保护装置动作时电流 4.39A 吻合），超过 T_4 速断电流整定值 2.2A（二次值），保护动作。

4.13.6.2 T_4 断路器 TA 变比不正确原因分析

经调查，变电部门上报 T_4 断路器 TA 变比有误。

4.13.7 暴露的问题

（1）设备台账管理不完善，相关设备台账不全或可信度不高。

（2）没有严格核对上报 TA 变比参数，导致整定新定值单时，造成 TA 参数误整定。

（3）上报人员未能严格把关 TA 变比的正确性，导致所上报的 TA 变比错误，没有与现场实际 TA 变比核实；定值执行工作中未按定值单备注中的执行要求注意核对 TA 变比，未能对执行情况进行有效反馈，没有对定值问题及时把关。

4.14 10kV 馈线零序保护定值误退出引起接地变保护越级跳闸

4.14.1 故障前运行方式

3 台主变带 10kV 3 段母线分列运行。10kV 分段断路器 QF_5、QF_6 热备用。10kV T_4、QF_7 断路器挂 10kV Ⅲ 段母线运行。10kV F_1 馈线 QF_8 断路器挂 10kV Ⅲ 段母线运行。一次接线图见图 4-23。

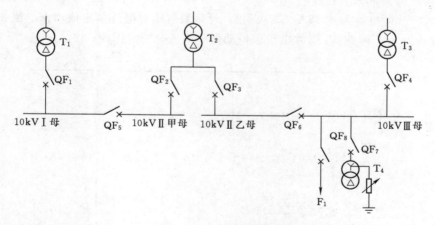

图 4-23 一次接线图

4.14.2 故障概况

2011 年 2 月 26 日 16 时 51 分 16 秒，某 110kV 变电站 T_4 保护高压侧零序过流保护动作，跳开 T_3 低压侧 QF_4 断路器，10kV Ⅲ 段母线失压。

4.14.3 相关保护定值整定情况

保护整定情况见表 4-29。

表 4-29　　　　　　　　　　　　保护整定情况表

序号	间　隔	TA 变比	定　值　设　置
1	T_4 保护	150/5	高压侧零序过流 II 段电流定值为 3A，时限为 1.5s
2	10kV F_1 保护	75/5	零序过流保护投退 (d018) ＝OFF

4.14.4 保护动作信息

保护动作报文信息见表 4-30。

表 4-30　　　　　　　　　　　　保护动作报文信息表

间隔	时　间	报　文
T_4 保护	2011 年 2 月 26 日 16 时 51 分 16 秒 200 毫秒	高压侧零序过流 I 段保护动作，I_{0H}＝10.96A
T_4 保护	2011 年 2 月 26 日 16 时 51 分 16 秒 700 毫秒	高压侧零序过流 II 段保护动作，I_{0H}＝10.99A
T_3 高压侧后备保护	2011 年 2 月 26 日 16 时 51 分 25 秒 810 毫秒	TV 断线告警
T_3 高压侧后备保护	2011 年 2 月 26 日 16 时 51 分 26 秒 868 毫秒	复合电压闭锁长时间动作告警，U_{ab}＝0.02V
T_3 高压侧后备保护	2011 年 2 月 26 日 18 时 1 分 58 秒 323 毫秒	母线接地告警

4.14.5 现场检查情况分析

2011 年 2 月 26 日 16 时 51 分 16 秒 700 毫秒，T_4 高压侧零序过流 II 段保护动作，跳开 QF_4 断路器，10kV III 段母线失压。现场值班员对 10kV III 段母线进行检查，并无短路接地现象，然后在不投入接地变的情况下对母线送电，18 时在试送 10kV F_1 过程中，T_3 保护高后备保护发母线接地告警信号，此时，切除 10kV F_1 断路器后接地现象消除，可确认 F_1 有接地故障。检查 10kV F_1 保护定值，发现零序过流保护投退控制字处于退出状态，后核对站内及班组保存定值单，发现现场保护定值整定一致，因此在该线路发生接地故障时，馈线的零序保护并未正确动作，持续的接地故障导致 T_4 零序过流 I、II 段保护动作，跳开 T_3 低压侧 QF_4 断路器。

4.14.6 保护动作性质判定

经综合分析，本次 10kV F_1 馈线接地故障，是由于本线路零序保护不能动作，引起 T_4 保护动作，跳开 T_3 低压侧 QF_4 断路器。

4.14.7 现场处理过程

(1) 与调度联系后将 10kV F_1 馈线的零序过流保护投入控制字定值由 "0" 改成 "1"。

（2）检查全站的馈线零序过流保护定值整定情况，未发现异常。

4.15 馈线零序 TA 与电缆表皮地线接线不规范致接地变保护跳闸

4.15.1 故障前运行方式

某 110kV 变电站，Ⅰ段母线由 T_1 单独供电，母联断路器 QF_2 处于分闸状态，T_2 QF_3 断路器、F_1C_1 挂 10kV Ⅰ母运行。一次接线图见图 4-24。

4.15.2 保护动作过程

2006 年 8 月 1 日 23 时 55 分 40 秒，某 110kV 变电站 T_1 低压侧 QF_1 断路器跳闸，导致 Ⅰ段母线失压。

23 时 55 分 38 秒，公共测控屏发"10kV Ⅰ段母线接地"信号。

23 时 55 分 38 秒，T_2 QF_3 断路器保护发"电流越限"信号，故障电流为 2.86A。

23 时 55 分 39 秒，T_2 QF_3 断路器保护发"零序 Ⅰ 段保护动作"信号，故障电流为 5.29A。

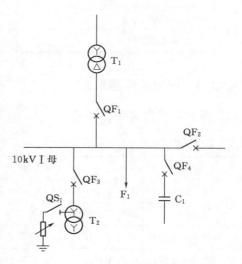

图 4-24　一次接线图

23 时 55 分 40 秒，T_2 QF_3 断路器保护发"零序 Ⅱ 段保护动作"信号，故障电流为 5.43A，T_1 低压侧 QF_1 断路器跳闸。

23 时 55 分 41 秒，T_2 失压，C_1 QF_4 断路器欠电压保护动作跳闸。

23 时 55 分 49 秒，QF_2 母联断路器发"Ⅰ段母线 TV 断线"告警，T_1 低压侧后备保护发"TV 断线告警"信号。

4.15.3 跳闸分析

从上述保护动作过程可分析，QF_1 断路器跳闸是由接地变 T_2 QF_3 断路器零序 Ⅱ 段保护动作引起的，而 T_2 零序保护动作是由 Ⅰ段母线接地引起的。经过调查了解，T_2 的中性点零序 TA 变比为 150/5，那么在故障时 Ⅰ段母线接地一次电流值为 162.9A，零序 Ⅰ 段电流定值为 3A，时间为 1s，零序 Ⅱ 段电流定值为 3A，时间为 1.5s。

23 时 55 分 38 秒，10kV Ⅰ段母线接地故障有两种可能：10kV 母线设备；10kV 馈线出线接地。

对 10kV Ⅰ段母线馈线的保护记录进行检查，未发现任何馈线有保护动作报文。零序保护的 TA 与电缆表皮地线接线的各种情况见图 4-25。

从图 4-25 可以看出，该变电站 F_1 存在零序保护的 TA 与电缆表皮地线接线不规范的现象，如在穿越零序 TA 前已接地、地线未穿越零序保护的 TA、地线穿越零序保护的

TA后又弯回去接地等。可见 F_1 发生接地故障后零序电流被屏蔽线抵消，零序保护的 TA 感应不到零序接地电流，从而 F_1 保护拒动，经一定延时后，T_2 保护越级跳闸。

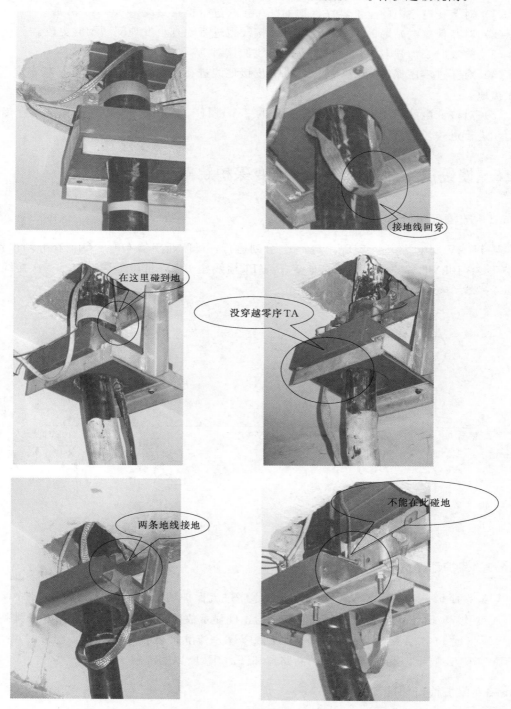

图 4-25 零序保护的 TA 与电缆表皮地线接线的各种情况

4.15.4 整改措施

(1) 对该变电站内的全部零序保护的 TA 接线进行检查更改。

(2) 对其他变电站内的零序保护的 TA 接线也进行检查，发现问题及时更改。

(3) 验收时要加强对零序保护的 TA 接线的核对。

(4) 对穿过零序保护的 TA 的电缆外表皮接地线进行绝缘包裹，保证其穿越零序 TA 前无接地。

(5) 对该变电站的 10kV 馈线零序保护的 TA 进行一次升流试验，并对保护进行传动试验，进行进一步检查。

4.16 馈线操作插件损坏致接地变保护跳闸

4.16.1 故障前运行方式

某 110kV 变电站，主变 T_1、T_2、T_3 分列运行，母联断路器 QF_5、QF_6 在分闸位置。主变 T_3 带 10kVⅢ段母线运行，接地变 T_4、F_1 馈线挂 10kVⅢ段母线运行。一次接线图见图 4-26。

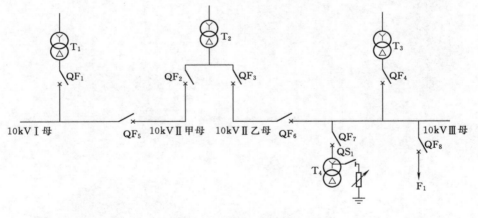

图 4-26　一次接线图

4.16.2 保护动作情况

(1) 8 时 55 分 42 秒 486 毫秒，F_1 馈线零序过流保护动作，$3I_0 = 20.82A$（零序保护的 TA 变比 75/5），保护装置和后台监控机均正确显示故障信息，但 QF_8 断路器未跳闸。

(2) 8 时 55 分 43 秒 93 毫秒，T_4 高压侧零序过流Ⅱ段保护动作，$I_{0H} = 10.09A$（零序 TA 变比 150/5），T_3 低压侧 QF_4 断路器和 T_4 QF_7 断路器跳闸。

4.16.3 保护检查情况

(1) 模拟故障前状态试验。F_1 馈线 QF_8 断路器在试验位置，投上保护装置的控制和保护电源，保护装置及控制回路无异常及告警信号。二次升流对保护装置进行校验，保护装置精度准确，试验零序过流保护动作，保护装置及后台监控机均能正确显示故障信息，但 QF_8 断路器不跳闸。

（2）试验 F_1 馈线 QF_8 断路器在"远方/就地"位置操作把手分合闸动作正确。检查保护操作插件：多次试验零序过流保护动作时，保护装置虽能发信但由于保护操作插件的跳闸继电器已坏，导致不能发出跳闸命令，造成 QF_8 断路器不跳闸；发现问题后随即更换新的保护操作插件，再次试验，保护装置正确动作，QF_8 断路器可靠动作。

检查结果是：由于保护装置操作插件跳闸出口继电器保护动作前已损坏，且在正常运行状态下装置无法监测其已损坏信息，导致保护出口继电器拒动，QF_8 断路器不能跳闸。

4.16.4　故障经过分析

2006 年 11 月 25 日 8 时 55 分 42 秒，F_1 馈线 QF_8 发生接地故障，F_1 馈线零序过流保护动作，但由于保护装置操作插件跳闸继电器损坏，导致保护无跳闸命令开出，造成 QF_8 断路器未跳闸。8 时 55 分 43 秒 93 毫秒，T_4 高压侧零序过流Ⅱ段保护动作，T_3 低压侧 QF_4 断路器和 T_4 QF_7 断路器跳闸造成 10kVⅢ段母线失压。

4.17　馈线保护整定错误导致接地变保护越级跳闸

4.17.1　故障前运行方式

某 110kV 变电站，T_1 带 10kVⅠ段母线运行，T_2 带 10kVⅡ甲、Ⅱ乙段母线运行，T_3 带 10kVⅢ段母线运行；10kV 分段断路器 QF_5、QF_6 热备用；QF_5、QF_6 备自投保护处于退出状态（T_2 保护尚未改造，备自投保护回路未完善）；其中 10kV F_1 馈线 QF_8 断路器挂 10kVⅠ段母线运行，T_4 接地变 QF_7 断路器挂 10kVⅠ段母线运行，10kV 系统经小电阻接地，一次接线图见图 1–75。

4.17.2　故障经过

2013 年 7 月 13 日 20 时 21 分，某变电站监控机发出事故报警，报警窗口显示某 110kV 变电站 T_1 低压侧 QF_1 断路器保护动作跳闸，值班员将事故情况汇报地调并短信汇报上级领导，同时安排人员赶赴事故现场检查保护动作情况，现场检查发现：10kV F_1 馈线保护零序过流Ⅲ段保护报警，T_4 保护零序Ⅰ段保护动作，T_1 零序电压保护报警，跳开 T_1 低压侧 QF_1 断路器。

4.17.3　保护动作情况及断路器跳闸经过

2013 年 7 月 13 日 20 时 21 分，10kV F_1 馈线单相接地，引起 F_1 保护装置零序Ⅲ段保护报警，装置检测到的故障零序电流为 124.1A（一次值）。由于 F_1 零序保护装置定值整定错误，导致 T_4 高压侧零序保护动作，保护装置检测到的零序电流为 127.2A（一次值），跳开 QF_1、QF_7 断路器，造成Ⅰ段母线失压。

根据现场相关记录和保护动作情况，事件过程时序图见图4-27。

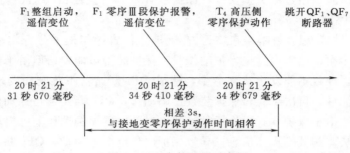

图4-27 事件过程时序图

4.17.4 现场检查情况

4.17.4.1 保护定值、相关开入量、压板检查情况

10kV QF$_7$ 和 QF$_8$ 断路器保护定值整定情况见表4-31。

表4-31　　　　　　　　　　QF$_7$ 和 QF$_8$ 断路器保护定值整定情况表

间　隔	定值单要求定值		保护装置实际定值
QF$_7$ 断路器保护	高压侧零序Ⅰ段过流保护定值	3A（一次值为90A）	3A（一次值为90A）
	高压侧零序Ⅰ段过流保护动作时间	1.5s跳10kV分段保护	1.5s跳10kV分段保护
	高压侧零序Ⅱ段过流保护定值	3A（一次值为90A）	3A（一次值为90A）
	高压侧零序Ⅱ段过流保护动作时间	3s跳本变QF$_7$及主变低压侧QF$_1$，闭锁备自投	3s跳本变QF$_7$及主变低压侧QF$_1$，闭锁备自投
QF$_8$ 断路器保护	零序Ⅰ段过流保护定值	4A（一次值为60A）	4A（一次值为60A）
	零序Ⅰ段过流保护时间	0.7s	99s

按照定值检查结果，发现 QF$_8$ 断路器保护定值的零序Ⅰ段过流保护时间应整定为0.7s，实际整定为99s，存在保护装置定值整定错误的情况。

压板及相关开入量检查未发现问题。

4.17.4.2 后台报文检查情况

（1）F$_1$ 保护后台报文显示，2013年7月13日20时21分33秒170毫秒，某110kV变电站F$_1$整组启动，遥信变位；2013年7月13日20时21分34秒410毫秒，某110kV变电站F$_1$零序Ⅲ段保护报警，遥信变位报警。

（2）T$_4$ 后台报文显示，2013年7月13日20时21分34秒679毫秒，高压侧零序保护动作（一次值为127.2A），跳开 T$_1$ 低压侧 QF$_1$ 断路器及本变高压侧 QF$_7$ 断路器，10kV Ⅰ段母线失压。

4.17.4.3 故障录波检查情况

故障录波情况见图4-28和图4-29。

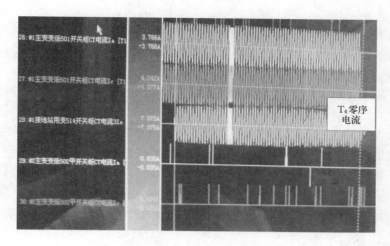

图 4 - 28　T_4 零序电流录波图

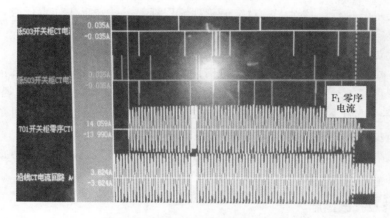

图 4 - 29　10kV F_1 零序电流录波图

4.17.5　事故原因综合分析

由于 10kV F_1 馈线零序保护定值整定错误，导致该保护装置无零序保护跳闸功能，在 F_1 馈线发生单相接地时，零序保护拒动，由上级的 T_4 保护动作越级跳闸切除故障，10kV Ⅰ段母线失压。

4.17.5.1　直接原因

一次设备发生短路是导致本次事故跳闸发生的直接原因。据供电分局确认，其巡线人员发现 F_1 馈线上的一台变压器的一相绝缘子破裂。

4.17.5.2　主要原因

现场保护装置定值整定错误，是本次事故跳闸的主要原因。从以上保护装置动作报告、后台报文等信息可以判定，由于 F_1 保护装置零序过流Ⅰ段保护时间整定错误（应整定为 0.7s，实际整定为 99s），当 F_1 馈线单相接地时，零序过流Ⅰ段保护拒动；T_4 保护零序过流保护动作，跳开 T_4 高压侧 QF_7 断路器及 T_1 低压侧 QF_1 断路器，造成越级跳闸。

4.17.5.3　次要原因

（1）由于该技改站屏位紧张，新屏只能靠近旧屏安装，造成现场工作空间狭隘，人机功效不足，装置定值整定、核对存在困难。

（2）未按要求提前1个月提交定值申请资料，导致没能提前向班组提供最新定值单，现场执行、核对定值时间紧迫。

（3）验收人员提前1天从系统中打印运转中（未审核完毕）定值单到现场执行并核对，而在送电当天未与正式定值单再次核对，未发现装置定值整定错误。

（4）施工单位人员能力不足、施工质量较差，执行保护定值整定的现场施工人员未能及时发现有定值项的执行不符合要求。

（5）由于技改停电时间短，且受4月23日事件的影响，技术骨干精力分散。

4.17.6　暴露的问题

（1）现场定值执行、核对人员对定值管理流程不熟悉，缺乏工作责任心，未能及时发现装置定值整定错误。

（2）工程负责人未按要求有效督促施工单位进行定值申请提交工作。

（3）施工单位对定值管控不到位，申请格式要求执行不力，导致变电部门在定值申请时未能按要求提前1个月将定值申请资料提交给调度部门（本次提交定值提交只提前20天），送电前一天晚上正式定值单才下发至班组，留给现场调试验证的时间裕度不够，影响定值执行质量。

（4）突发事件发生时，现场应急处理能力，尤其是人员变化调整管理方面的能力有待提升。

4.17.7　防范及整改措施

（1）对近期投运的保护设备（新扩建或技改）进行一次全面的保护定值核查，防范类似事件发生。

（2）开展定值管理相关条文、流程的培训，使广大继保员工，尤其是新入职员工掌握好正确的定值执行规定动作，树立起正确的定值执行理念。

（3）加强对工程负责人、施工单位、继保班组人员开展定值申请的宣贯培训工作，保证每项工程的定值申请能在预定时间内完成提交。

（4）对继保人员的定值执行力进行考核。按照正式定值单开展现场整定、核对工作，及时反馈定值执行问题，并在2天内完成定值回执手续，将该项考核结果纳入绩效管理中。

（5）将突发事件的人员变化管理列入相关应急预案中。

（6）规范后台信息库，完善后台定值验收项目内容，确保后台定值项目的排序与定值单一致，方便定值核对。

（7）加强与调度部门的沟通，尤其在定值执行、调试定值反馈等方面，与调度部门保持密切联系。

4.18 馈线零序 TA 故障引起接地变保护越级跳闸

4.18.1 故障前运行方式

某 110kV 变电站，T_1 带 10kV Ⅰ 段母线运行，T_3 带 10kV Ⅲ 段母线运行，T_2 带 10kV Ⅱ 甲、Ⅱ 乙段母线运行；10kV 分段断路器 QF_5、QF_6 热备用；10kV T_4 接地变 QF_7 断路器和 10kV F_1 馈线 QF_8 断路器、F_2 馈线 QF_9 断路器挂 10kV Ⅱ 乙段母线运行；10kV 系统经小电阻接地，一次接线图见图 4-30。

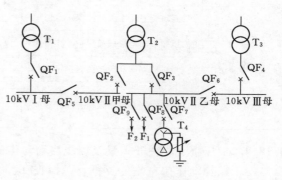

图 4-30 一次接线图

4.18.2 设备情况

4.18.2.1 一次设备

10kV T_4 接地变 QF_7 断路器、T_2 低压侧 QF_2 断路器、QF_3 断路器、10kV F_1 馈线 QF_8 断路器。

4.18.2.2 保护配置

保护配置情况见表 4-32。

表 4-32　　　　　　　　　　　保 护 配 置 情 况 表

序　号	间　隔	投 产 日 期
1	10kV T_4 接地变 QF_7 断路器	2002 年 12 月 1 日
2	10kV F_1 馈线 QF_8 断路器	2004 年 5 月 1 日

4.18.3 T_4 保护装置动作情况

2014 年 9 月 19 日 2 时 3 分 36 秒 843 毫秒，高压侧零序过流 Ⅰ 段保护动作，动作二次电流为 10.78A（大于 Ⅰ 段整定值 3A，整定时间为 1.5s），折算成一次电流为 $10.78 \times 30 = 323.4$A；动作跳 QF_5、QF_6 分段断路器。

2014 年 9 月 19 日 2 时 3 分 38 秒 342 毫秒，高压侧零序过流Ⅱ段保护动作，动作二次电流为 10.78A（大于Ⅱ段整定值 3A，整定时间为 3s），折算成一次电流为 $10.78 \times 30 = 323.4$A；动作跳本变 QF_7 断路器及 T_2 低压侧 QF_2、QF_3 断路器，闭锁 QF_5、QF_6 闭锁备自投。

4.18.4 检查情况

4.18.4.1 保护定值情况

10kV QF_7 断路器保护定值整定情况见表 4-33。

表 4 - 33　　　　　　　　　　　　　　　　　　保护定值整定情况表

间　隔	参　数	定值单要求定值	保护装置实际定值
QF₇ 断路器保护	高压侧零序 I 段过流保护定值	3A（一次值为 90A）	3A（一次值为 90A）
	高压侧零序 I 段过流保护动作时间	1.5s 跳 10kV 分段断路器	1.5s 跳 10kV 分段断路器
	高压侧零序 II 段过流保护定值	3A（一次值为 90A）	3A（一次值为 90A）
	高压侧零序 II 段过流保护动作时间	3s 跳本变及主变压器低压侧，闭锁备自投	3s 跳本变及主变压器低压侧，闭锁备自投

4.18.4.2　压板、相关开入量及馈线启动动作信息等的检查情况

（1）保护动作信息收集及检查。检查 T_2、II 段母线馈线及电容器保护装置正常，无控制回路断线等告警启动动作信息；检查所有 II 段馈线及电容器断路器端子排至保护装置二次回路正确；检查所有保护装置定值执行正确；检查 T_4 接地变本体无异常及二次回路正确；核对所有 II 段馈线及电容器保护电流采样与测控采样数值一致。

现场检查 T_4 接地变保护动作及后台信息发现，2014 年 9 月 19 日 2 时 3 分 36 秒 843 毫秒，高压侧零序过流 I 段保护动作，动作二次电流为 11.37A（大于 I 段整定值 3A，整定时间为 1.5s），折算成一次电流为 $11.37×30＝341.1A$；动作跳 QF_5、QF_6 分段断路器，当时 QF_5、QF_6 分段断路器在热备用状态，未实际出口动作断路器。2014 年 9 月 19 日 2 时 3 分 38 秒 342 毫秒，高压侧零序过流 II 段保护动作，动作二次电流 10.78A（大于 II 段整定值 3A，整定时间为 3s），折算成一次电流为 $10.78×30＝323.4A$；动作跳本变 QF_7 断路器及 T_2 低压侧 QF_2、QF_3 断路器，闭锁 QF_5、QF_6 闭锁备自投。

（2）相关开入量、压板检查情况。相关开入量、压板情况正确。

（3）故障录波情况检查。站内无故障录波装置。

（4）II 段母线接地信号继电器动作检查情况。

II 甲、II 乙段母线接地信号继电器动作，证明系统存在接地故障。

4.18.4.3　保护装置定检情况

查看定检台账，T_4 接地变保护最新定检时间为 2014 年 8 月 15 日，F_1 最新定检时间为 2013 年 5 月 17 日，T_2 最新定检时间为 2013 年 11 月 2 日；10kV II 段母线所有的保护装置定检均合格，包括 10kV II 段馈线零序 TA 一次升流均正常。

4.18.5　事件原因分析与处理

4.18.5.1　事件原因

根据保护装置及接地继电器动作情况可以判断系统存在接地故障，故障时正值台风"海鸥"来袭，分析可能是受台风影响造成馈线接地，但检查 10kV II 段馈线保护装置未发现事件发生时有零序电流保护动作信息，也没发现相关的保护启动信息。询问厂家后发现，馈线保护无启动值，不能记录告警信号，达到保护定值即动作。

综合以上分析，故障原因可能有：①T_4 接地变本体或电缆存在接地故障；②T_4 接地

变保护误动;③发生接地故障的馈线的零序 TA 已损坏或零序 TA 二次开路,导致馈线保护装置采集不到零序电流,故障馈线保护拒动,引起接地变动作越级跳变压器低压侧断路器;④可能同时几条馈线都发生高阻接地的情况,但接地电流都较小,没有达到馈线的零序保护整定值,因此馈线保护未动作;但各馈线零序电流之和大于 T_4 高压侧零序过流保护整定值,所以 T_4 保护动作。

4.18.5.2 原因①和原因②的验证处理

接下来的事件调查主要围绕这 4 种原因进行验证处理,考虑到第③、第④种原因调查需结合馈线停电来检查,因此先排查第①、第②种原因,检查过程如下:

(1)办理第一种工作票,将 T_4 QF_7 断路器由热备用转为检修状态,做好相应的安全措施。

(2)检查 T_4 QF_7 断路器的保护逻辑和出口传动校验,结果正确;紧固 T_4 保护的端子,未发现松动的端子。

(3)用 1000V 量程的摇表(兆欧表)测得二次回路绝缘电阻大于 $100M\Omega$,满足绝缘要求。

(4)采用 TA 特性测试仪测试 T_4 零序 TA 的特性,TA 励磁特性曲线的拐点电流 $I=0.88A$,拐点电压 $U=32.05V$,绕组直流电阻 $R=0.7144\Omega$,可以看出 T_4 零序 TA 的伏安特性、绕组直流电阻、励磁特性均符合技术要求。

(5)打开 T_4 接地变室的零序 TA 后柜,用大电流发生器对零序 TA 进行一次升流,加入的一次电流与所嵌保护装置采集的二次电流之比同零序 TA 的定值铭牌一致,变比、回路正确。

(6)用试验仪模拟接地故障,高压侧零序过流Ⅰ段、Ⅱ段保护动作跳闸跳接地变正确,并且 QF_5、QF_6 分段断路器跳闸,T_2 低压侧 QF_2 断路器、QF_3 断路器跳闸,闭锁 QF_5、QF_6 备自投出口压板均正确。

(7)T_4 及 QF_7 断路器检查试验的结论为 T_4 及 QF_7 断路器试验数据均合格。符合高压试验投运条件。

4.18.5.3 其他检查

通过以上现场检查试验,可以排除第①、②种原因,利用 2014 年 9 月 28 日 10kV Ⅱ段母线停电的机会,对Ⅱ甲段、Ⅱ乙段母线上的所有馈线开关柜进行如下检查:

(1)外观检查。检查柜内零序 TA 外观良好无损伤,零序 TA 均为开口式,安装在开关柜底部电缆终端侧,安装牢固,从外观检查来看未发现零序 TA 二次接线有异常松动现象。

(2)10kV 馈线零序 TA 一次升流试验。对 10kV 馈线逐个进行一次升流,当对 F_2、F_1 馈线零序 TA 一次升流时二次均无输出,其他馈线零序 TA 一次升流均正常。检查 F_2、F_1 零序 TA 所引出的二次接线端子,紧固无松动,解开 F_2、F_1 馈线的零序 TA 上的二次接线,用万用表电阻挡测量 F_2、F_1 馈线零序 TA 二次接口固定螺丝的两端,数值分别为 $2.434M\Omega$ 和无穷大,测量 F_2、F_1 馈线到保护的零序 TA 二次接线,电阻值为 0.7Ω、0.1Ω。通过以上相关检查及试验可以得出,F_2、F_1 馈线外部零序二次接线回路正常。拧开 F_2、F_1 馈线零序 TA 的固定螺丝,发现在开口侧的 K1′、K2′ 短接位置上使用铜片连接的短接片及螺口位置存在不同程度的腐蚀，接触不良导致二次回路开路，零序电流不能正确导通发出。而且 F_1 馈线零序 TA 的 $K1'$、$K2'$ 短接位置有明显烧弧的痕迹，是同为 F_1 线路接地产生的零序电流，由于零序 TA 回路开路，在开路点产生了高电压烧弧。T_2 零序 TA 无烧弧现象，说明故障发生在 F_1 线路上，见图 4-31~图 4-33。

（a）零序 TA 二次接口同定螺丝两端的电阻值

（b）F_2 到保护的零序 TA 二次接线的电阻值

图 4-31　F_2 馈线零序 TA 二次接线检查

（a）零序 TA 二次接口固定螺丝两端的电阻值

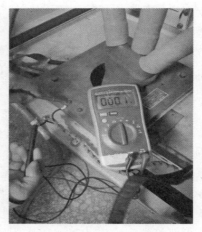
（b）F_1 到保护的零序 TA 二次接线的电阻值

图 4-32　F_1 馈线零序 TA 二次接线检查

4.18.5.4　定检计划申请情况

在本次事故发生之前，对某 110kV 变电站 10kV 一次、二次设备的运行年限、运行状况进行了安全隐患风险评估，并及时向供电分局提出了分别安排某 110kV 变电站 10kV Ⅱ甲段、Ⅱ乙段及 10kV Ⅲ段轮停，进行保护定检的计划申请，希望能最大限度地避免事故的发生，同时还能及时查出设备存在的问题，并加以排除，确保变电站设备稳定可靠地运行。

4.18.6 事件原因

4.18.6.1 直接原因

10kV F_1 馈线线路发生接地故障是本次事件的直接原因。

4.18.6.2 间接原因

10kV F_1 馈线 QF_8 开关柜内零序 TA 开口侧的 K1′、K2′ 短接位置的短接片及螺口位置腐蚀较严重，而且短接片没有完全卡紧，使得零序 TA 的 K1′-K2′ 短接端子接触不良，故障时零序二次回路开路，导致零序 TA 不能正确反映接地故障时的零序电流，故保护没有采集到完整的故障电流，进而引起接地变保护越级动作跳闸。

图 4-33 F_1 开口式零序 TA K1′-K2′ 短接端子连接面

4.18.7 暴露的问题

（1）10kV F_1 开口式零序 TA 在结构设计上不合理，为了安装方便将二次绕组开断后通过螺口及短接片短接，且 F_1 馈线零序 TA 出厂日期为 2000 年 5 月，运行时间较长，连接片出现腐蚀松动等情况，使得零序 TA 在运行中增加了接触不良后回路开路的风险。

（2）某 110kV 变电站属于老旧电站，当时的设备配置及保护装置型号相对日益复杂的电网运行环境来说远不能满足要求，全站无故障录波，10kV 馈线保护也没有启动告警值，难以及时发现以及处理事故。

4.18.8 整改措施

（1）将 F_2、F_1 馈线的零序 TA 更换为密封一体式的零序 TA，同时对该零序 TA 的二次接线端子进行加固。对 10kV Ⅱ 段母线其他馈线零序 TA 的短接片进行除锈、加固处理，检查接触良好、无松动，并进行绝缘、伏安特性、TA 直流电阻、一次升流试验，确保零序 TA 正确传变电流。

（2）申请某 110kV 变电站 Ⅰ、Ⅱ 段母线停电完成相关馈线保护定检，进行零序 TA 升流和特性检查。

（3）结合某 110kV 变电站 Ⅰ、Ⅱ 段母线停电进行开口式零序 TA 更换、除锈加固短接片及螺口的整改。

（4）加快对旧站的改造步伐，对保护装置、零序 TA 进行升级改造。改造前，加强巡视和监控，特别当出现台风、打雷等恶劣天气时更要时刻警惕，做好安全防范措施。

（5）明确基建、技改工程的开关柜设备需采用一体式零序 TA，对现存开口式零序 TA 结合停电进行短接片加固整改。

4.19 10kV 线路母线侧间歇性接地故障导致线路、接地变保护动作

4.19.1 故障前运行方式

T_1 带 10kV Ⅰ 段母线运行，F_1 馈线、T_4 接地变挂Ⅰ段母线运行，Ⅰ段母线经小电阻接地运行，10kV 分段断路器 QF_5 热备用；T_2 带 10kV Ⅱ甲、Ⅱ乙段母线运行；T_3 带 10kV Ⅲ段母线运行。一次接线图见图 4-34。

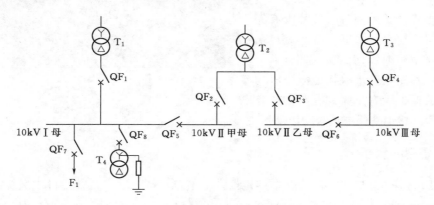

图 4-34 一次接线图

4.19.2 故障概况

2011 年 5 月 7 日 6 时 58 分，F_1 馈线 QF_7 断路器限时电流速断保护动作，零序过流保护跳闸动作，跳开 QF_7 断路器；T_4 接地变保护零序过流Ⅰ、Ⅱ、Ⅲ段保护动作，跳开变压器低压侧 QF_1 及站用变 QF_8 断路器。

4.19.3 涉及的保护基本配置情况

保护配置情况见表 4-34。

表 4-34　　　　　　　　　　　　保护配置情况表

序　号	保护分类	投产日期
1	T_4 接地变保护	1999 年 5 月
2	F_1 QF_7 断路器保护	1999 年 5 月

4.19.4 现场检查情况

4.19.4.1 F_1 馈线 QF_7 断路器保护装置报文

2011 年 5 月 7 日 6 时 58 分 42 秒 807 毫秒，限时电流速断保护动作，故障相为 C、A 相，故障电流为 101.67A（二次值）。

2011 年 5 月 7 日 6 时 58 分 43 秒 557 毫秒，零序过流保护跳闸动作，零序故障电流为

31.66A（二次值）。

2011 年 5 月 7 日 6 时 58 分 44 秒 792 毫秒，三相一次重合闸动作，由于按调度要求 F_1 重合闸压板未投，故断路器没有重合。

4.19.4.2 T_4 接地变保护装置报文

2011 年 5 月 7 日 6 时 58 分 43 秒 831 毫秒，零序过流 I 段保护动作，延时 1s，跳分段断路器 QF_5；零序故障电流为 11.54A（二次值）。

2011 年 5 月 7 日 6 时 58 分 44 秒 331 毫秒，零序过流 II 段保护动作，延时 1.5s 出口，跳开 T_1 低压侧 QF_1 断路器及闭锁 QF_5 备自投；零序故障电流为 11.69A（二次值）。

2011 年 5 月 7 日 6 时 58 分 44 秒 332 毫秒，零序过流 III 段保护动作，延时 1.5s 出口，跳开 T_4 接地变 QF_8 断路器，零序故障电流为 11.69A（二次值）。

4.19.4.3 故障录波中的相关信息

2011 年 5 月 7 日 6 时 58 分 42 秒，10kV I 段母线电压显示：发生由 C 相接地转三相短路再转 B 相接地故障；T_1 低压侧电流显示：由负荷电流转为三相短路电流（二次值为 26A，TA 变比 3000/5，折算成一次值为 15600A）；T_4 高压侧中性点有故障电流（二次值为 13A，TA 变比 150/5，折算成一次值为 390A）；F_1 外接零序电流显示 F_1 发生接地故障（二次值为 30A，TA 变比 75/5，折算成一次值为 450A），以上数据与保护动作数据一致。

4.19.5 保护动作行为的初步判定

2011 年 5 月 7 日 6 时 58 分 42 秒，F_1 馈线发生 C 相接地故障。从录波数据显示 60ms 后转为三相接地短路故障，0.2s 后 F_1 限时电流速断保护动作跳开 QF_7 断路器。但从录波显示分析，B 相仍然接地运行。初步分析认为 QF_7 断路器母线侧也有间歇性接地故障，T_4、F_1 均有零序电流，延时 0.7s 后，F_1 零序过流保护动作再跳 QF_7 断路器，延时 1s 后 T_4 保护零序过流 I 段保护动作跳 QF_5 断路器，延时 1.5s 后 T_4 保护零序过流 II 段保护跳开 T_1 低压侧 QF_1 断路器、闭锁 QF_5 备自投，零序过流 III 段保护跳开 QF_8 断路器。

综合上述数据分析，本次故障为 F_1 馈线线路先发生 C 相接地故障，再转为三相接地短路故障，最后转为 B 相接地故障，且故障发展到母线侧。T_4、F_1 馈线线路保护均正确动作。

第 5 章

10kV 线路保护跳闸

5.1 CPU 板损坏引起的 10kV 断路器保护装置电流采样异常

5.1.1 故障概况

收到值班员报告缺陷，110kV 某变电站 F_1 QF_1 断路器保护装置采样异常，现场保护装置保护电流采样中 A 相电流正常，C 相电流偏小（现场为 A、C 两相的 TA），测量电流采样正常。

5.1.2 问题处理

申请紧急停电，使用继保试验仪加入模拟故障电流 A 相 5A，C 相 5A，使用电流钳表测得 AC 相回路电流与所加模拟电流一致。

查看保护装置保护电流采样，A 相为 4.96A，C 相为 2.45A；查看保护装置测量电流采样，A 相为 4.991A，C 相为 4.997A，见图 5-1。

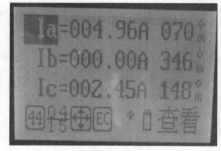

（a）保护电流采样　　　　　　　　　　　　（b）测量电流采样

图 5-1　更换 CPU 板前的保护装置电流采样

初步怀疑由于交流采样板问题导致采样不准确，因此，更换交流采样板。更换交流采样板后，再次使用继保试验仪加入模拟故障电流 A 相 5A，C 相 5A，发现保护装置电流采样值与模拟故障电流不一致，因此更换 CPU 板。更换 CPU 板后，再次使用继保试验仪加入模拟故障电流 A 相 5A，C 相 5A，再次查看采样值，发现采样正确，见图5-2。

由于 CPU 板包含很多参数及定值，因此更换前需要记录保护装置内部的参数，更换后将参数及定值设置好，并重新做逻辑试验和传动试验，与值班员核对定值。

（a）保护电流采样 （b）测量电流采样

图 5-2 更换 CPU 板后的保护装置电流采样

5.1.3 问题分析

由于更换交流板后，电流采样依旧不正确，可判断交流采样板无问题；而更换 CPU 板后，问题解决，可知 CPU 板有问题，初步判断为 CPU 中的小 TA（将模拟量转换为数字量）损坏，详细原因需待厂家对板件进行测量分析。

5.2 多条馈线接地故障冲击引起 10kV TV 接地放电

5.2.1 故障前运行方式

T_1 带 10kV Ⅰ 段母线运行。F_1 馈线、F_{10} 馈线挂 10kV Ⅰ 段母线运行。T_2 带 10kV Ⅱ 甲、Ⅱ乙段母线运行。F_{11} 馈线、F_{13} 馈线挂 10kV Ⅱ甲段母线运行，F_{16} 馈线、F_{18} 馈线挂 10kV Ⅱ乙段母线运行。T_3 带 10kV Ⅲ 段母线运行。10kV 母联断路器 QF_5、QF_6 热备用。10kV TV_1 挂 10kV Ⅱ乙段母线运行。一次接线图见图 5-3。

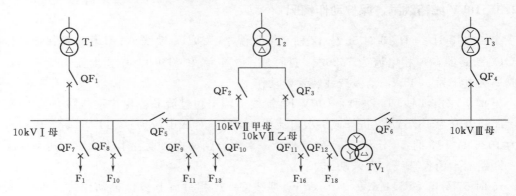

图 5-3 一次接线图

5.2.2 设备情况

5.2.2.1 跳闸涉及的一次设备

10kV TV_1、10kV Ⅱ乙段母线、F_1 馈线、10kV F_{11} 馈线、F_{10} 馈线、F_{13} 馈线、F_{16} 馈

线、F_{18}馈线，10kV 系统经消弧线圈接地。

5.2.2.2 TV_1 设备情况

10kV TV_1 设备情况见表 5 - 1。

表 5 - 1 TV_1 设 备 情 况 表

序　号	设 备 名 称	投 产 日 期
1	TV_1	2009 年 11 月
2	避雷器	2009 年 11 月

5.2.2.3 保护配置

保护配置情况见表 5 - 2。

表 5 - 2   保 护 配 置 情 况 表

序号	间　隔	TA变比	定 值 设 置	投 产 日 期
1	QF_3	4000/1	母线速断保护：$I=1.5\text{A}$，$t=0.2\text{s}$	2009 年 11 月
2	10kV F_{11}馈线	600/1		2009 年 11 月
3	10kV F_{13}馈线	600/1	过流 Ⅱ 段保护：$I=5\text{A}$，$t=0.2\text{s}$	2009 年 11 月
4	10kV F_{18}馈线	600/1		2009 年 11 月
5	10kV F_1馈线	600/1	母线速断闭锁保护：$I=2.5\text{A}$，$t=0\text{s}$	2009 年 11 月
6	10kV F_{10}馈线	600/1	重合闸时间：$t=1\text{s}$	2009 年 11 月
7	10kV F_{16}馈线	600/1		2009 年 11 月

5.2.3 10kV 线路跳闸、保护动作情况

2013 年 3 月 20 日 15 时 55 分 42 秒 977 毫秒，10kV F_{11}馈线 A、C 相过流保护动作跳开 QF_9 断路器，A 相电流为 7.26A，折算成一次电流为 4356A，C 相电流为 6.01A，折算成一次电流为 3606A，消弧选线装置未动作。

15 时 56 分 33 秒 511 毫秒，10kV F_{13}馈线 C、A 相过流 Ⅱ 段保护动作跳开 QF_{10} 断路器，A 相电流为 16.54A，折算成一次电流为 9924A，C 相电流为 17.11A，折算成一次电流为 10266A。15 时 56 分 37 秒 592 毫秒，一次重合闸动作，重合于故障后加速动作跳开 QF_{10} 断路器，消弧选线装置未动作。

15 时 57 分 5 秒 511 毫秒，10kV F_{18}馈线 C、A 相过流 Ⅱ 段保护动作跳开 QF_{12} 断路器，A 相电流为 13.64A，折算成一次电流为 8184A，C 相电流为 13.58A，折算成一次电流为 8148A。15 时 57 分 9 秒 592 毫秒，重合闸动作成功，消弧选线装置未动作。

15 时 57 分 15 秒 491 毫秒，C、A 相过流 Ⅱ 段保护动作再次跳开 QF_{12} 断路器，A 相电流为 13.56A，折算成一次电流为 8136A，C 相电流为 14.02A，折算成一次电流为 8412A，消弧选线装置未动作。

15 时 57 分 39 秒 436 毫秒，10kV F_1 馈线 C、A 相过流 Ⅱ 段保护动作跳开 QF_7 断路器，A 相电流为 10.82A，折算成一次电流为 6492A，C 相电流为 9.5A，折算成一次电流为 5700A，消弧选线装置未动作。

15 时 57 分 54 秒 831 毫秒，10kV F_{10} 馈线 C、A 相过流 Ⅱ 段保护动作跳开 QF_8 断路器，A 相电流为 10.09A，折算成一次电流为 6054A，C 相电流为 10.8A，折算成一次电流为 6480A。15 时 57 分 55 秒 914 毫秒，一次重合闸动作成功。

15 时 57 分 57 秒 11 毫秒，1 号消弧系统 Ⅱ 段母线接地动作，中性点电压 2353.2V，补偿电流 29.0A，电容电流 27.4A，未选跳线路。

15 时 58 分 2 秒，10kV F_{16} 馈线 C 相过流 Ⅱ 段保护动作跳开 QF_{11} 断路器，C 相电流为 6.94A，折算成一次电流为 4164A。

17 时 58 分 7 秒 242 毫秒，手动合上 10kV F_{11} 馈线，17 时 58 分 8 秒 252 毫秒，TV_1 发生 B 相放电接地故障（故障电流只有 340A，持续时间约 766ms），再转换成 C 相放电接地故障（故障电流只有 340A，持续时间约 190ms）后发展成三相放电接地故障（持续时间约 262ms），故障总持续时间约 1219ms。三相同时放电时的故障电流分别为：A 相电流为 4.84A，折算成一次电流为 19360A；B 相电流为 4.85A，折算成一次电流为 19400A；C 相电流为 4.77A，折算成一次电流为 19080A。故障时 A、B、C 三相电压的峰值分别为 15.6kV、13.93kV、15.15kV。17 时 58 分 9 秒 471 毫秒，T_2 低压侧母线速断保护动作跳开 QF_3 断路器。

17 时 58 分 6 秒 6 毫秒，1 号消弧系统 Ⅱ 段母线接地动作，中性点电压 5752.4V，补偿电流 44.4A，电容电流 42.4A。

5.2.4 现场检查情况

5.2.4.1 保护动作信息收集

经检查，各保护都能正确动作，跳开相应的断路器隔离故障。

5.2.4.2 保护定值、相关开入量、压板检查情况

经核对，各保护定值设置正确，各相关开入量、压板投退情况正确。

5.2.4.3 故障录波情况检查

10kV TV_1 故障时 T_2 低压侧录波见图 5-4。经检查，故障录波装置能正确启动。

5.2.4.4 一次设备检查、试验及处理情况

检修人员对 TV_1 开关柜手车进行了全面检查，检查发现该柜内压力释放装置已动作，从开关柜后侧观察窗看见手车室后柜板有 3 处烧黑痕迹（图 5-5），其他 10kV Ⅱ 甲、Ⅱ 乙段开关柜目测正常。TV_1 间隔转检修后的检查情况如下：

（1）TV_1 外表被熏黑，外壳无裂纹及破损（图 5-6）。

（2）TV_1 避雷器 A 相表面被熏黑，外表有破损，其他两相表面被熏黑，但由于三相避雷器导电杆被烧融不能继续使用。

（3）TV_1 手车导电臂表面被熏黑，外表无破损，手车导电臂与避雷器连接铜牌烧断并变形，三相 TV 熔断器损坏（图 5-7）。

（4）TV_1 开关柜动、静触头被熏黑，但无烧损（图 5-8）。

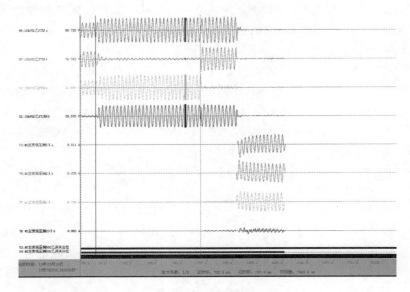

图 5-4　故障录波图

 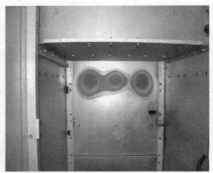

（a）前柜板　　　　　　　　　　　　（b）后柜板

图 5-5　断路器室前后柜板放电点位置一致

图 5-6　避雷器及 TV 检查情况

图 5-7　避雷器与导电臂连接铜排及熔断器　　　图 5-8　动、静触头检查情况
　　　　　检查情况

（5）开关柜静触头挡板、传动连杆及静触头绝缘筒被熏黑但无损坏。

（6）TV$_1$ 避雷器绝缘耐压试验合格。

5.2.4.5　现场处理情况

（1）将 TV$_1$ 手车拉出，为配合其他抢修工作，需要先将Ⅱ乙段母线送电，该手车未投入运行，待修复。

（2）对 1 号开关柜进行清洁并对 1 号开关柜压力释放装置进行修复，完成后将 10kV Ⅱ乙段母线送电。

5.2.5　事故原因综合分析

5.2.5.1　初步原因

（1）造成此次 6 条 10kV 线路跳闸的起因是 20 日下午，部分地区遭遇强对流天气，出现了强降水、冰雹和龙卷风等恶劣天气，使得 10kV 架空线路受到外物的影响造成短路。

（2）由于 10kV Ⅱ段母线共有 4 条线路在短短 4min 内发生了接地故障，对 TV$_1$ 产生了较大的冲击，且过电压造成 TV$_1$ 对地瞬时放电；由于 F$_{11}$ 送电后，线路仍然存在故障，先后引起了 10kV Ⅱ段系统 B、C 相分别接地，最后发展到 A、B、C 三相对放电，且持续时间较长（约 1219ms），电弧产生的烟雾及金属粉末造成手车室内绝缘下降，引起其他两相避雷器接头对柜板放电及相间放电，最终由 T$_2$ 低压侧 QF$_3$ 母线速断保护动作跳开 QF$_3$ 断路器，造成 10kV Ⅱ乙段母线失压。

5.2.5.2　初步结论

（1）经综合分析，本次所有一次设备故障引起的保护动作均正确。

（2）消弧装置选线及补偿情况分析。

1）消弧系统选线装置启动定值中性点一次电压为 1500V（转换为开口三角电压，即有效值为 2598V，最大值为 3676V），大于该定值消弧系统才会启动，是消弧装置启动的条件之一。

2）根据消弧装置厂家设计原理，消弧装置启动还须躲过一个抗干扰时间（约 200ms），须大于抗干扰时间消弧系统才能启动并保存记录，这是消弧装置启动并保存记录的另一个条件。

综合 1)、2) 的分析及 10kV 馈线保护的动作出口时间，本次消弧线圈在 10kV 母线接地时才启动并保存记录（共两次）。

5.2.6　暴露的问题

（1）10kV 一次设备防外力破坏的措施还不够。

（2）10kV 母线 A、C 相电压升高为线电压时诱发了 10kV TV_1 放电，说明 10kV TV_1 设备存在安全隐患。

5.2.7　防范及整改措施

（1）应加强在出现强对流天气时的巡视工作，加强对变电站周围的环境巡视，联合当地分局，做好宣传和清障工作，减少漂浮物进入站内。

（2）建议对本站同型号 10kV TV 进行一次预防性试验及检修维护。

5.3　线路过负荷引起多条线路保护动作

5.3.1　故障前运行方式

某 110kV 变电站，110kV 甲线经 QS_1、QS_2 供全站运行。T_1 带 10kV Ⅰ 段母线运行；T_2 带 Ⅱ 甲段母线、Ⅱ 乙段母线运行；T_3 带 10kV Ⅲ 段母线运行；10kV F_{17}、F_{18}、F_{22}、F_{23} 馈线挂 10kV Ⅱ 乙段母线运行，10kV F_{11}、F_{12} 馈线挂 10kV Ⅱ 甲段母线运行；F_7 馈线挂 10kV Ⅰ 段母线运行；10kV 母线经 QF_6 断路器并列运行。一次接线图见图 5-9。

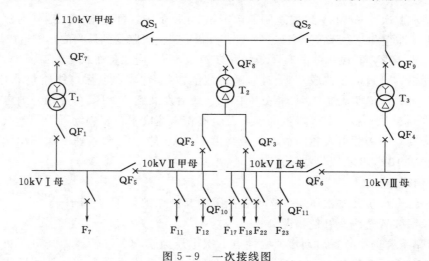

图 5-9　一次接线图

5.3.2　故障概况

2006 年 2 月 12 日 21 时 51 分，10kV F_{11}、F_{17}、F_{18}、F_{23} 线路限时速断保护动作引起

断路器跳闸；F_{22} 差动保护动作，断路器跳闸；F_{12} 过流保护动作，断路器跳闸（以上保护均不投重合闸）。T_2 低压侧乙低后备复压过流 I 段保护动作，跳开 QF_6 断路器。10kV F_7 线路 C 相断线（用户侧断线），保护未动。23 时 10 分，手动切开 F_7 断路器，13 日 0 时 53 分，恢复 F_{23} 的送电。

5.3.3 检查经过

综合以上线路保护的动作情况及 10kV F_{11}、F_{12}、F_{17}、F_{18} 线路的一次故障点进行分析，发现这 4 条线路为同杆架线，故障点为电缆线至架空引线之间的连接部分。电缆线至架空引线之间连接部分的铁塔有严重的电弧烧伤痕迹，且这 4 条线路的电缆线至架空引线之间的三相连接导线已烧断，由此可判断该站的保护动作是由 10kV F_{11}、F_{12}、F_{17}、F_{18} 线路的故障引起的。

（1）对 F_7、F_{12} 保护进行检查，TA 变比核对正确，二次加入电流定值核对正确，保护传动试验各保护、信号及断路器均正确动作。

（2）对 T_3 后备保护（为常规保护）进行检查，定值核对正确；加入模拟故障电流进行试验，发现高后备及低后备过流保护动作，动作后闭锁 QF_6 备自投，但原有设计无低后备过流保护跳 QF_6 断路器回路。

（3）对 T_2 低压侧后备保护（为微机保护）进行检查，定值核对正确，过流 I 段保护电流整定值为 5A（一次值为 308A），时间整定为 1s 跳 QF_6 断路器；报告显示故障电流为 41.04A，1s 跳 QF_6 断路器，符合保护动作逻辑。

（4）对 10kV F_{22} 电厂乙线保护进行检查。

1）定值核对正确。

2）报告显示为 6.2ms 比率差动保护动作，对两侧保护用 TA 进行检查，两侧的 TA 型号不同，变比不同。对两侧保护动作报告及录波图进行分析，发现三相故障电流波形有畸变现象，最大一相电流的峰值为 50.2A/5020A，差动电流的有效值为 11.2A/1120A。

3）从电厂侧提供的电缆试验报告分析，此故障点不在该线路上。

5.3.4 检查结果及分析

（1）10kV F_{12} 线路由于过负荷（电缆线至架空引线之间的连接部分发热断裂）造成近距离相间短路（过流保护动作），引起同杆架的 F_{11}、F_{17}、F_{18} 线路相继故障，速断保护动作，跳开各自的断路器。

（2）从各保护的动作情况分析可知，故障的持续时间约为 1s，使 T_2 QF_3 断路器过流保护动作跳开 QF_6 断路器。

（3）由于 T_3 低压侧过流保护不设计跳 QF_6 断路器的回路，因此不跳 QF_6 断路器。

（4）F_{23} 保护由于在 F_{11}、F_{17}、F_{18} 线路相继故障的情况下引起其速断保护动作。

（5）F_{22} 比率差动保护动作，厂家根据录波图解释是，由于 TA 两侧容量特性不同而产生故障电流畸变，从而引起差流比率差动保护动作（变电站侧 TA 的容量为 15VA，10P15；电厂侧 TA 的容量为 10VA，10P10），现要求电厂侧改用 10P20（原备用组）。另建议电厂与变电站采用同厂家、同型号、同变比、同容量的光纤差动保护 TA。

（6）由于 F₇ 线路 C 相靠用户侧断线，相当于 C 相开路，无故障电流产生，故保护不动作。

5.4 误投零序保护压板造成馈线保护误动

5.4.1 保护配置情况

10kV F₁ 馈线保护装置投产时间为 2000 年 4 月 7 日，具有过流保护、零序过流保护、重合闸保护、低周减载保护等功能。其中，零序过流保护设有 Ⅰ、Ⅱ、Ⅲ 段；共设有跳闸出口，低周投入，电流 Ⅰ 段投入，电流 Ⅱ 段投入，零序 Ⅰ 段投入，零序 Ⅱ、Ⅲ 段投入等 6 块压板；断路器 TA 变比为 400/1，零序 TA 变比为 75/1。

5.4.2 跳闸及现场检查情况

2010 年 8 月 9 日，某供电公司办了一张某 220kV 变电站 10kV F₁ 馈线电缆检修的工作票。工作结束后，15 时 52 分，10kV F₁ 馈线合闸送电成功，15 时 54 分，零序 Ⅲ 段保护动作，跳开 10kV F₁ 馈线 QF₁ 断路器。值班人员立即将断路器跳闸情况通知当值调度及供电公司，17 时 16 分供电公司告知巡线无问题，17 时 17 分试送成功，17 时 26 分 10kV F₁ 零序 Ⅲ 段保护再次动作，QF₁ 断路器再次跳闸，值班人员立即将断路器跳闸情况通知当值调度及供电公司，并在 18 时 45 分通知继保人员到站检查，在现场继保人员检查发现保护定值和压板存在如下问题：

（1）10kV F₁ 保护零序 Ⅱ、Ⅲ 段功能压板本应退出，现场却在投入状态。

（2）10kV F₁ 保护定值单中，零序 Ⅱ、Ⅲ 段定值均整定为 20A（退出），但装置内整定为 0.27A。

检查完毕后，继保人员按照定值单的要求，退出了零序 Ⅱ、Ⅲ 段功能压板。20 时 25 分送电成功，线路恢复正常运行。

5.4.3 跳闸原因分析

（1）误投零序 Ⅱ、Ⅲ 段功能压板。按照定值单要求，零序 Ⅱ、Ⅲ 段保护功能压板应退出，而现场却在投入状态。这是本次跳闸的直接原因。

（2）现场擅自修改定值。外委定检人员在 2007 年 1 月 11 日进行 10kV Ⅰ 段馈线保护定检时，认为定值单中的"I_{02}、I_{03}＝20A"是一次值，在没有取得相关定值整定人员同意的情况下，就将 20A 转换成二次值（20/75＝0.27A），输入保护装置。在正常情况下，由于三相电流平衡，不平衡电流很小，保护不会误动。10kV F₁ 在停电当日，对该馈线进行了改造，并对三相负荷进行了调整。送电时，由于线路三相负荷不平衡，产生了不平衡电流，且达到整定值，零序过流 Ⅲ 段保护动作，跳开 10kV F₁ 馈线 QF₁ 断路器。

5.5 保护控制字漏投造成重合闸未出口

5.5.1 保护信息

2010 年 12 月 12 日 13 时 51 分，过流 I 段保护动作跳闸，$I_{A1} = 80A$，重合闸没有启动。

5.5.2 保护检查情况

经现场检查，F_1 电流端子及回路接线无异常，电流精度校核正确。重合闸控制字为"0"，即重合闸退出运行。检查记录发现 2008 年 1 月 30 号施工部门执行定值及传动断路器试验，而当时的重合闸定值单要求退出重合闸，故装置内重合闸控制字整定为"0"（退出），于 2008 年 3 月 28 日投入运行。而最新的重合闸定值单在 2010 年 8 月 4 号下发，要求 F_1 重合闸投入，运行人员直接投入重合压板，没有检查装置定值是否投入重合闸。

5.5.3 处理措施

现场向调度申请，已将该线路重合闸控制字整定为"1"。

5.5.4 整改建议

投退重合闸只投退重合闸压板即可，装置内重合闸控制字始终投"1"。

5.6 接线松动引起 10kV 馈线断路器重合闸不成功

5.6.1 故障前运行方式

某 110kV 变电站，T_3 由 110kV 丙线（T）供电，带 10kV Ⅲ段母线运行；其中 10kV F_1 馈线挂 10kV Ⅲ段母线运行。一次接线图见图 5-10。

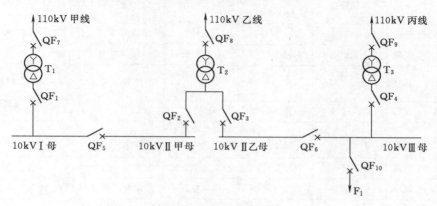

图 5-10　一次接线图

5.6.2 设备情况

5.6.2.1 一次设备

10kV F_1 馈线 QF_{10} 断路器。

5.6.2.2 保护配置

保护配置见表5-3。

表5-3 保 护 配 置 表

保护名称	F_1 馈线保护	出厂时间	2010年5月
装置参数	220V，5A	TA变比	800/5，零序TA：100/5
相关保护定值整定	零序过流定值3A（60A），零序过流保护时限0.7s，三相一次不对应重合闸控制字为"投入"，重合闸时限1s，控回断线闭锁重合闸投退，控制字为投入		

5.6.3 保护动作情况及检查情况

2013年7月1日8时34分44秒777毫秒，10kV F_1 馈线 QF_{10} 断路器保护零序过流保护动作跳开 QF_{10} 断路器，故障二次电流为9.88A，折算成一次电流为197.6A，保护重合闸没有动作。

后台保护动作信号报文见表5-4。

表5-4 后台保护动作信息报文表

序号	间隔	设备	动作信号	动作类型	动作时间
1	10kV F_1 间隔	未知设备	远控位置	接点动作	2013年3月5日17时3分53秒938毫秒
2	10kV F_1 间隔	未知设备	零序过流跳闸	接点动作	2013年7月1日8时34分44秒777毫秒
3	10kV F_1 间隔	未知设备	事故总信号	接点动作	2013年7月1日8时34分45秒477毫秒
4	10kV F_1 间隔	未知设备	零序过流跳闸	接点复归	2013年7月1日8时34分45秒516毫秒
5	10kV F_1 间隔	未知设备	控制回路断线告警	接点动作	2013年7月1日8时34分45秒527毫秒
6	10kV F_1 间隔	QF_{10} 断路器	QF_{10} 断路器	断开	2013年7月1日8时34分45秒563毫秒
7	10kV F_1 间隔	未知设备	事故总信号	接点复归	2013年7月1日8时34分45秒976毫秒
8	10kV F_1 间隔	QF_{10} 手车	QF_{10} 手车	单点错误类型（Type：-1）	2013年7月1日13时28分32秒775毫秒
9	10kV F_1 间隔	QF_{10} 手车	QF_{10} 手车	推至试验位置	2013年7月1日13时28分43秒27毫秒
10	10kV F_1 间隔	QF_{10} 手车	QF_{10} 手车	单点错误类型（Type：-1）	2013年7月1日16时15分43秒225毫秒
11	10kV F_1 间隔	QF_{10} 手车	QF_{10} 手车	推至工作位置	2013年7月1日16时15分53秒239毫秒
12	10kV F_1 间隔	未知设备	弹簧未储能	接点复归	2013年7月1日16时16分14秒292毫秒
13	10kV F_1 间隔	未知设备	控制回路断线告警	接点复归	2013年7月1日16时16分14秒311毫秒

序号	间隔	设备	动作信号	动作类型	动作时间
14	10kV F$_1$ 间隔	未知设备	弹簧未储能	接点动作	2013 年 7 月 1 日 16 时 21 分 27 秒 632 毫秒
15	10kV F$_1$ 间隔	QF$_{10}$ 断路器	QF$_{10}$ 断路器	合上	2013 年 7 月 1 日 16 时 21 分 27 秒 646 毫秒
16	10kV F$_1$ 间隔	未知设备	弹簧未储能	接点复归	2013 年 7 月 1 日 16 时 21 分 31 秒 718 毫秒

注 告警间隔＝10kV F$_1$ 间隔，且时间在 2010 年 1 月 1 日—2013 年 7 月 2 日。

继保人员现场对保护装置动作信息进行收集，见图 5-11～图 5-13。

图 5-11 零序保护动作

图 5-12 控制回路断线

图 5-13 控制回路断线返回

继保人员现场对保护动作信息进行了初步分析，F_1 馈线发生接地故障，零序电流为 9.88A（一次值 197.6A），大于零序电流整定值 3A（一次值 60A），保护动作跳开 F_1 QF_{10} 断路器，动作正确。

为了查找 F_1 馈线 QF_{10} 断路器重合闸没有动作的原因，继保人员对保护装置及后台保护进行分析。F_1 保护在 2013 年 7 月 1 日 8 时 34 分 44 秒 777 毫秒出现零序过流跳闸，2013 年 7 月 1 日 8 时 34 分 45 秒 527 毫秒出现控制回路断线告警；2013 年 7 月 1 日 16 时 16 分 14 秒 311 毫秒出现控制回路断线告警复归。从上述报文判断，QF_{10} 断路器跳开后出现控制回路断线，而保护装置控制字"控回断线闭锁重合闸投退，控制字为投入"，因此重合闸放电，重合闸不动作。

5.6.4 故障综合分析

2013 年 8 月 8 日对 F_1 馈线停电检查，对保护装置模拟零序过流保护动作，故障电流 10A，试验 3 次，零序过流保护均正确动作，重合闸均正确动作。

从 F_1 断路器零序跳闸后立即出现控制回路断线判断 F_1 合闸回路在故障前已出现异常。由于故障前断路器在合闸位置，只能监视跳闸回路是否正常，不能监视合闸回路是否正常，在断路器跳开后，转为监视合闸回路，此时合闸回路有异常，所以出现控制回路断线，将重合闸放电。

2013 年 7 月 1 日 16 时 16 分 14 秒 292 毫秒，弹簧未储能复归，2013 年 7 月 1 日 16 时 16 分 14 秒 311 毫秒，控制回路断线告警复归；依此判断弹簧恢复使控制回路断线恢复，因此初步判断 F_1 跳闸前合闸回路异常可能是弹簧未储能引起的。为了查找弹簧未储能的发生时间，在后台机查找历史报告，从 2010 年 1 月 1 日至 2013 年 7 月 1 日故障前，只有一个远控位置动作信号，没有其他信号，不能确定弹簧未储能在何时发生。经咨询值班员，储能电源空气断路器没有发生跳闸，初步判断可能由于接线松动引起继电器不动作。试验完毕后，对所有接线进行紧固。

5.7 操作板件损坏导致 10kV 馈线合闸不成功

5.7.1 故障前运行方式

某 110kV 变电站，T_1 带 10kV Ⅰ 段母线运行，10kV F_1 馈线 QF_7 断路器挂 10kV Ⅰ 段母线运行。一次接线图见图 5-14。

5.7.2 保护配置情况

某 110kV 变电站 10kV F_1 馈线 QF_7 断路器保护装置投产时间为 2007 年 4 月 10 日，装置额定电流为 5A，F_1 馈线 QF_7 断路器 TA 变比为 300/5，零序 TA 变比为 100/5。

5.7.3 保护动作及送电情况

2013 年 2 月 15 日 16 时 55 分 51 秒，10kV F_1 馈线 QF_7 断路器过流Ⅰ段（速断）保

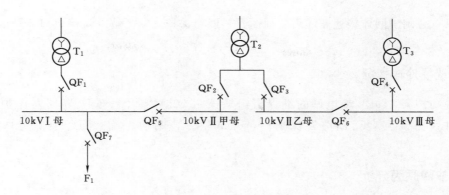

图 5-14 一次接线图

护动作跳闸，跳开 10kV F_1 馈线 QF_7 断路器，故障电流为 20.35A（二次值），折合成一次电流值为 1221A。

2013 年 2 月 15 日 16 时 55 分 55 秒，F_1 馈线 QF_7 断路器保护重合闸动作正确，随后保护装置后加速保护动作跳开 F_1 馈线 QF_7 断路器。

2013 年 2 月 15 日 18 时 27 分 3 秒，值班员经调度发令，并检查保护装置无任何异常信号后，正常对 QF_7 断路器进行合闸送电，但 QF_7 断路器无任何反应，保持在分位状态。

5.7.4 现场检查情况

5.7.4.1 后台报文检查

2013 年 2 月 15 日 21 时 15 分，继保班抢修队第一时间赶赴现场检查，现场检查发现，保护装置运行灯正常，后台机及保护装置均无保护装置异常及报警的相关报文。

5.7.4.2 保护装置检查

（1）检查保护装置动作报文。2013 年 2 月 15 日 16 时 55 分 51 秒 926 毫秒，过流 Ⅰ 段保护动作，$I_A=20.35A$；2013 年 2 月 15 日 16 时 55 分 55 秒 425 毫秒，重合闸动作；2013 年 2 月 15 日 16 时 55 分 55 秒 736 毫秒，后加速保护动作。

（2）检查保护定值情况。10kV F_1 馈线 QF_7 断路器保护过流 Ⅰ 段（速断）保护定值为 12.8A，0.2s；过流 Ⅱ 段（过流）保护定值为 5A，0.7s；重合时间为 4s，现场核对装置定值与定值单整定一致。

（3）保护及断路器的合闸回路检查情况。经继保班组现场检查，排除了合闸控制把手、合闸线圈、机构卡阻问题及端子排接线松脱问题，最终发现为，重合闸重动继电器的接点在合闸回路励磁后接点无法接通（图 5-15），造成合闸线圈无法带正电，从而无法合闸。而且该接点损坏的情况无法监视，因为正常时该接点

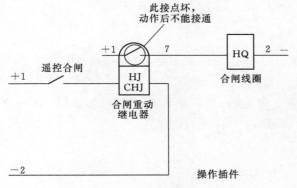

图 5-15 二次接线图

169

断开，只有合闸瞬间才接通，随后立即断开。经与保护厂家了解，该接点损坏是极其少见的，属个案。

5.7.5　现场处理情况

负责维护某 110kV 变电站的继保班组从该站 10kV 备用线 QF_8 断路器保护上拔出操作插件，更换至 QF_7 断路器保护内，并试验分合闸均正确。随后值班员恢复送电正常。

5.7.6　故障原因分析

根据上述检查、试验，综合分析得出，10kV F_1 馈线 QF_7 断路器保护装置操作板件的合闸重动继电器接点损坏，导致送电时合闸不成功。

5.8　保护测控装置死机时引起 10kV 断路器跳闸

5.8.1　故障前运行方式

10kV Ⅰ段母线、Ⅱ段母线、Ⅲ段母线分列运行，10kV F_1 馈线挂 10kV Ⅰ段母线运行。

5.8.2　设备情况

5.8.2.1　一次设备

涉及的一次设备为 F_1 馈线 QF_7 断路器。

5.8.2.2　保护配置

保护配置情况见表 5-5。

表 5-5　　　　　　　　　　保护配置情况表

保护名称	10kV F_1 馈线 QF_7 断路器保护测控装置	出厂时间	2013 年 5 月
装置参数	220V，5A	TA 变比	400/5（断路器），75/5（零序）

5.8.3　设备跳闸及保护动作情况

2014 年 4 月 20 日 19 时 12 分 29 秒 741 毫秒，T_1 低压侧后备保护收到 10kV F_1 保护装置发出的"简易母线保护闭锁开入"。

2014 年 4 月 20 日 19 时 12 分 29 秒 930 毫秒，10kV F_1 保护装置出口跳开 QF_7 断路器，由于 F_1 馈线为全电缆线路，重合闸退出，故无重合闸动作。

5.8.4　检查情况

5.8.4.1　保护动作信息收集

（1）10kV F_1 保护测控装置"运行"灯灭，"跳闸"灯及"跳位"灯同时亮。

（2）10kV F_1 保护测控装置"运行"灯熄灭，出现死机现象，按键无法进入菜单，重启一次仍然无法进入菜单，"运行"灯仍然不亮，即仍然死机。

5.8.4.2 保护定值、相关开入量、压板检查情况

10kV F_1 馈线 QF_7 断路器跳闸后，继保人员现场对保护测控装置重启3次后，"运行"灯仍不亮、但能进入菜单，发现此时保护定值、开入量、采样电压均变为0，见图5-16。

10kV F_1 保护测控装置内无动作报告记录、无相关录波，见图5-17。

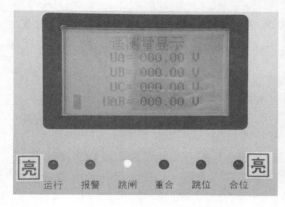 

图5-16 采样异常   图5-17 装置报告被清

F_1 保护跳闸压板在投入状态（正确），重合闸压板在退出状态（正确，F_1 馈线为全电缆）。

5.8.4.3 后台报文情况检查

10kV F_1 断路器跳闸时刻，后台机依次有以下相关报文：F_1 装置异常由合到分（即异常恢复），F_1 的简易母线保护开入，T_1 低压侧后备保护动作，F_1 保护动作，F_1 馈线断路器控制回路断线。

5.8.4.4 故障录波情况检查

某110kV变电站故障录波装置在 F_1 跳闸时刻无启动录波，同时现场检查该录波装置录波功能正常。

5.8.4.5 其他相关情况检查

T_1 低压侧后备保护装置内发现简易母线保护开入，见图5-18。

5.8.5 事件原因综合分析

5.8.5.1 初步原因分析

保护装置死机时驱动出口跳闸、点亮跳闸灯，后台机只有 F_1 保护装置相关的动作信息，无故障录波装置的录波信息等，见图5-19，没有2014年4月20日的故障录波报文。

T_1 低压侧后备保护事件报告清单见图5-20，2014年4月20日只有简易母线保护闭锁的开入报告，无电压异常等异常信号，从而间接说明 F_1 保护装置死机导致 QF_7 断路器跳闸。

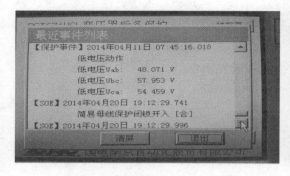

图 5-18 保护装置动作报文信息   图 5-19 T_1 低压侧后备保护的录波文件清单

该站全站的故障录波器录波文件列表见图 5-21，无 4 月 20 日 19 时 12 分（跳闸时刻）的故障录波，从而间接说明一次设备可能无故障，理由为录波装置无启动。

综合分析，本次 F_1 馈线 QF_7 断路器跳闸的原因为保护测控装置发生致命的死机，在死机时刻错误驱动所有开出量，引起 QF_7 断路器跳闸。该保护投产于 2013 年 12 月 3 日，投产时继保人员对该保护已经进行了详细的试验检查，未见异常。运行不足半年就出现上述致命死机的缺陷，进一步的分析需要厂家研发人员深入研究，并采取有效的防范措施。

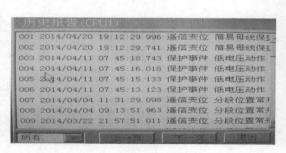

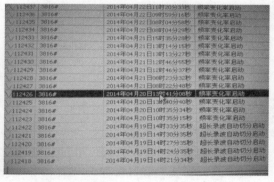

图 5-20 T_1 低压侧后备保护事件报告清单   图 5-21 全站的故障录波器录波文件列表

5.8.5.2 后续检查分析

厂家人员对该保护 CPU 插件进行检测，由于 RAM 芯片存在异常，导致 DSP 保护芯片一直无法正常工作，装置闭锁。但是由于问题 RAM 芯片已经永久性损坏，而现场装置曾有一段时间出现闭锁—恢复的交替变化，说明那时 RAM 芯片处于一种不稳定的工作状态，现场跳闸出口有可能是在 RAM 不稳定时修改了其中的某些出口标记变量或采样值而导致的，而这点已经无法复现。

5.8.5.3 初步结论

10kV F_1 保护测控装置出现死机后驱动所有开出接点，包括闭锁母线保护开出接点、保护跳闸接点、保护装置异常接点，是本次故障的直接原因。

5.8.6 暴露的问题

（1）10kV F_1 保护测控装置出现死机的同时驱动保护跳闸，属于设备质量问题。

（2）目前与该版本匹配的备品备件暂缺，影响抢修的效果，给抢修恢电带来一定的困难。

5.8.7 防范及整改措施

（1）约谈厂家对事件作进一步分析，从根本上解决目前保护厂家新产品性能不稳定的问题，落实防范措施，杜绝类似事件再次发生。

（2）采购与该版本匹配的备品备件。

（3）进一步完善保护设备出厂验收作业表单，增加对保护板件元器件选型及测试结论检查的项目，防止元器件质量问题给设备运行带来安全隐患。

第6章

安 全 自 动 装 置 跳 闸

6.1 110kV 进线跳闸引起 10kV 备自投动作

6.1.1 故障前运行方式

某 220kV 变电站，110kV 甲线供电至某 110kV 变电站 110kV 丙线、110kV 乙线（T接）。110kV 乙线供 T_1 运行，T_1 供 10kV Ⅰ 段母线运行；110kV 丙线供 T_3 运行，T_3 供 10kV Ⅲ段母线运行；110kV 丁线供 T_2 运行，T_2 供 10kVⅡ甲、Ⅱ乙段母线运行；10kV 母联断路器 QF_5、QF_6 在热备用状态。一次接线图见图 6-1。

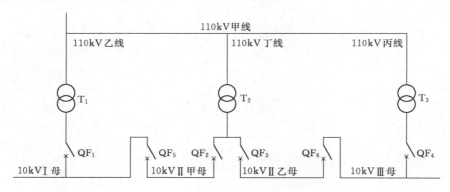

图 6-1 一次接线图

6.1.2 故障概况

2013 年 10 月 16 日，某 220kV 变电站 110kV 甲线断路器跳闸，使某 110kV 变电站 T_1、T_3 失压。10kV QF_6 备自投动作，跳开 T_3 10kV 侧 QF_4 断路器、均分负荷跳开 T_2 10kV 侧 QF_2 断路器，合上 10kV 母联断路器 QF_6。10kV Ⅰ 段母线、Ⅱ甲段母线失压。

6.1.3 设备情况

6.1.3.1 一次设备

110kV 甲线、乙线；10kV 母联断路器 QF_5、QF_6；T_1 10kV 侧 QF_1 断路器、T_3 10kV 侧 QF_4 断路器、T_2 10kV 侧 QF_2 与 QF_3 断路器。

6.1.3.2 保护配置

10kV 备自投 QF_5、QF_6 保护配置情况见表 6-1。

表 6-1 保护配置情况表

序 号	间 隔	投 产 日 期
1	QF_6 备自投	2000 年 12 月
2	QF_5 备自投	2000 年 12 月

6.1.4 检查情况

6.1.4.1 保护定值检查

按某 110kV 变电站 10kV 母联备自投定值检查，该备自投装置具备母联断路器暗备用功能，不具备均分负荷功能。QF_6 备自投母联暗备用时间为 3s；QF_5 备自投母联暗备用时间为 3.5s。

6.1.4.2 图纸跳闸回路检查

根据电力设计室的图纸，备自投装置动作时启动外部的中间继电器 1ZJ，由 1ZJ1 常开接点跳开 QF_4、1ZJ2 常开接点跳开 QF_1，达到均分负荷的目的。

6.1.5 本次保护动作性质初步判断

6.1.5.1 QF_6 备自投装置先启动

由定值检查得知，QF_6 备自投母联暗备用时间是 3s，QF_5 备自投母联暗备用时间是 3.5s。110kV 某变电站的 110kV 甲线以及 T 接的 110kV 乙线失压时，10kV Ⅰ段与Ⅱ段母线失压，QF_6 备自投启动。

6.1.5.2 QF_6 备自投启动逻辑

（1）Ⅲ段母线失压，Ⅱ乙段母线有压，QF_6 断路器分位，备自投启动。

（2）QF_6 备自投发跳闸命令，跳开 QF_4、QF_2 断路器。

（3）QF_6 备自投发合闸命令，合上母联断路器 QF_6。

6.1.5.3 QF_6 备自投启动后果

QF_6 备自投在 3.0s 启动，跳开 QF_2 断路器、合上 QF_6 断路器。在 3.5s 内使Ⅱ甲段母线失压、Ⅲ段母线得电。

Ⅱ甲段母线失压，使得 3.5s 内 QF_6 备自投装置放电不启动，因此母联断路器 QF_6 未能合上，最终导致Ⅱ甲段母线失电、Ⅰ段母线失电。

6.1.6 分析结论

本次事故的保护装置动作正确。

6.2 主变低压侧断路器跳闸位置未返回致 QF_6 备自投保护跳闸失败

6.2.1 故障前运行方式

某 110kV 变电站，110kV 甲线供 T_1 带 10kV Ⅰ段母线运行，110kV 丙线供 T_2 带

10kV Ⅱ甲、Ⅱ乙段母线运行，110kV 乙线供 T₃ 带 Ⅲ 段母线运行；T₁ 低压侧 QF₁ 断路器，T₂ 低压侧 QF₂、QF₃ 断路器 T₃ 低压侧 QF₄ 断路器，均在运行状态，分段断路器 QF₅、QF₆ 在热备用状态。一次接线图见图 6-2。

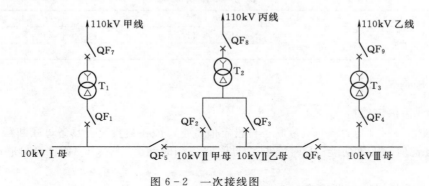

图 6-2 一次接线图

6.2.2 保护动作情况

2012 年 6 月 10 日 3 时 4 分 17 秒，某 110kV 变电站 110kV 丙线线路故障，引起线路对侧保护动作并跳开该线路对侧断路器，导致本站 T₂ 失压。

T₂ 失压后，10kV Ⅱ甲段母线 TV 失压，QF₅ 备自投保护动作，跳开 T₂ 低压侧 QF₂ 断路器，合上 QF₅ 分段断路器；10kV Ⅱ乙段母线 TV 失压，QF₆ 备自投装置动作，跳开 T₂ 低压侧 QF₃ 断路器，但未能合上 QF₆ 分段断路器。

10kV 一次设备最终运行状态为：T₁ 运行，QF₁ 断路器、QF₅ 断路器在运行状态，T₁ 带 10kV Ⅰ 段、Ⅱ甲段母线运行；T₃ 运行，QF₄ 断路器在运行状态，T₃ 带 Ⅲ 段母线运行；T₂ 失压，QF₂、QF₃ 断路器在热备用状态，Ⅱ乙段母线失压。

6.2.3 现场检查情况

由于 QF₅、QF₆ 备自投装置均装设在 10kV 高压室内 QF₅、QF₆ 开关柜上，并且没有跳闸出口压板，无法对装置的动作逻辑进行校验，所以只是对保护装置本身的相关状态和动作记录进行采集。

继保人员到现场时，一次设备状态已由运行人员恢复至动作前运行方式，所以以下调查结果中的交流采样值以及开入量状态均对应一次设备正常运行方式下的状态。

6.2.3.1 QF₆ 备自投装置动作情况

QF₆ 备自投装置动作情况见表 6-2。

表 6-2　　　　　　　　　　QF₆ 备自投装置动作情况

记录项目	动作时间	备注
QF₆ 备自投装置记录	2012 年 6 月 10 日 3 时 4 分 17 秒	QF₆ 备自投装置
	2012 年 6 月 10 日 3 时 4 分 20 秒	QF₃ 拒动

由各断路器运行状态与装置开入量显示对比可知，各状态开入量均与现场相符，各断

路器合位、合后开入量均与现场相符，不存在问题。

从 QF$_6$ 备自投装置的动作记录以及装置的运行状态可以发现以下问题：

（1）QF$_3$ 断路器已经跳开，然而装置报"断路器拒动 QF$_3$ 拒跳"信息，并且该告警信息在 QF$_3$ 断路器合上后仍时无法复归。

（2）各断路器状态符合备自投充电条件，但 QF$_6$ 备自投装置未能充电。

6.2.3.2 QF$_5$ 备自投装置动作情况

QF$_5$ 备自投装置，动作逻辑正确，未发现问题。

6.2.4 跳闸原因分析

根据 QF$_6$ 备自投装置动作记录及装置的运行状态，初步推断 QF$_3$ 断路器跳闸后的跳闸位置未能传送到 QF$_6$ 备自投装置，导致装置误认为 QF$_3$ 断路器拒跳，所以备自投逻辑未能继续下去，故未能合上 QF$_6$ 断路器。并且由于该动作报文无法复归，所以装置不能充电。

经进一步检查发现 QF$_3$ 断路器跳闸回路电缆断裂。经更换电缆后二次回路已恢复正常。

6.3 进线断路器有流闭锁定值整定过高导致 10kV 备自投误动

6.3.1 故障前运行方式

某 110kV 变电站，T$_1$ 带 10kV Ⅰ 段母线运行，T$_2$ 带 10kV Ⅱ甲、Ⅱ乙段母线运行，T$_3$ 带 10kV Ⅲ 段母线运行，10kV 母联断路器 QF$_5$、QF$_6$ 在分闸位置，QF$_5$、QF$_6$ 备自投装置投入运行。TV$_1$ 挂 10kV Ⅱ乙段母线运行。一次接线图见图 6-3。

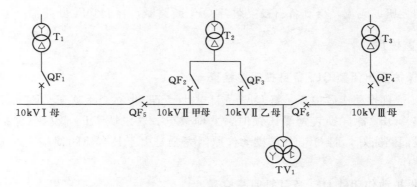

图 6-3 一次接线图

6.3.2 故障概况

2005 年 5 月 14 日上午 7 时 33 分左右，某 110kV 变电站 10kV Ⅱ乙段 TV$_1$ 柜发生母线接地短路故障，造成 10kV Ⅱ段 TV$_1$ 失压，TV$_1$ 及其高压柜烧坏。

6.3.3　现场检查情况

（1）在消弧装置动作信息中查到在 2005 年 5 月 14 日 7 时 33 分 13 秒报 "母线接地" 信号。

（2）在后台机查到 2005 年 5 月 14 日 7 时 44 分 28 秒 10kV Ⅱ乙段母线失压。

（3）在 QF_6 备自投装置查到 2005 年 5 月 14 日 7 时 46 分 25 秒备自投启动：2992ms 序列 1 出口（跳 QF_3 断路器），6252ms 序列 2 出口（合 QF_6 断路器）。

（4）QF_3 后备保护装置无任何动作记录，在后台机显示 "2005 年 5 月 14 日 7 时 46 分 28 秒 T_2 QF_3 断路器分"。

（5）在 T_3 低压侧后备保护装置查得在 2005 年 5 月 14 日 7 时 46 分 33 秒 "复合过流 Ⅰ段一时限动作"，跳开 QF_6 断路器，A、B、C 三相动作电流为 5.25A（二次值），TA 变比为 4000/1。

6.3.4　动作分析

根据以上报文分析，TV_1 柜在 7 时 33 分 13 秒发生单相接地短路，约 10min 后引起 TV_1 失压，QF_6 备自投动作，跳开 QF_3 断路器后合上 QF_6 断路器，10kV Ⅲ段母线对 10kV Ⅱ乙段故障母线造成冲击，导致 10kV Ⅱ乙段母线三相短路，T_3 低压侧后备保护复合过流 Ⅰ段保护一时限动作，跳开 10kV 母联断路器 QF_6，切除故障。

6.3.5　定值分析

QF_6 备自投装置动作原因分析：10kV Ⅱ段母线接地，引起 TV_1 失压，QF_6 备自投有流闭锁定值为 0.2A，整定值过大，折算成一次电流为 800A，而 10kV Ⅱ段母线的实际负荷电流约为 600A。QF_6 备自投装置没受到有流条件闭锁，所以在 TV_1 失压后 QF_6 备自投装置判无压、无流，启动备自投，跳开 QF_3 断路器，合上 QF_6 断路器。

6.3.6　装置检查

6.3.6.1　保护开出闭锁 QF_6 备自投回路检查

在 QF_6 备自投动作后检查，将 QF_6 备自投处于充好电状态下，在 QF_3 低后备保护开出保护动作、QF_6 备自投装置受闭锁时，立即放电。这说明 QF_3 低后备保护动作闭锁 QF_6 备自投回路完好，而 QF_6 备自投动作原因完全是由于其有流闭锁整定过大造成不能闭锁装置动作。

6.3.6.2　保护动作闭锁 QF_6 备自投回路检查

5 月 30 日将 QF_3 断路器退出运行，按定值加故障量，保护动作正确，闭锁备自投开出回路正确。

6.3.7　反措措施

根据厂家提供的参考整定值，经确认，将 QF_5、QF_6 备自投装置有流闭锁由原 0.2A

整定为 0.03A，已整定。

6.4 设计错误导致 220kV 备自投装置拒合母联断路器

6.4.1 某 220kV 变电站事故前 220kV 部分运行方式

某 220kV 变电站，220kV 甲线 QF_2 断路器、220kV 乙线 QF_4 断路器、T_1 高压侧 QF_1 断路器、T_3 高压侧 QF_5 断路器、TV_1 接 I 段母线运行；T_2 高压侧 QF_3 断路器、T_4 高压侧 QF_7 断路器、220kV 丙线 QF_6 断路器、220kV 丁线 QF_8 断路器、TV_2 接 II 段母线运行；旁路断路器 QF_9 接 I 段母线处于热备用状态，220kV I、II 段母线分列运行。220kV 备自投判"C 方式"（分列运行方式）运行。一次接线图见图 6-4。

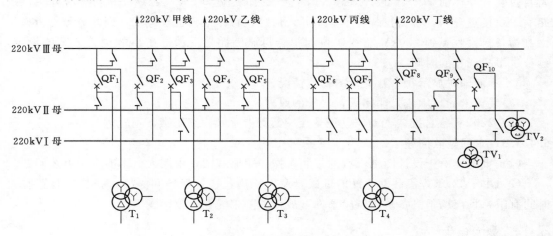

图 6-4　一次接线图

6.4.2 故障概况

2009 年 7 月 20 日 5 时 6 分，220kV 甲线线路故障跳开三相，190ms 后 220kV 乙线也相继跳开。220kV I 段母线失压，220kV 备自投动作跳 220kV 甲、乙线断路器，拒合 QF_{10} 断路器。备自投动作不成功。

6.4.3 现场检查结果

检查 220kV 甲、乙线接入 220kV 备自投装置跳闸位置的接点回路、手跳闭锁回路、跳合闸回路，均按设计图纸接入正确，回路试验正常，无误接线或回路接触不良的问题。

检查发现 220kV 备自投装置出口跳 220kV 甲线、乙线回路按设计图纸要求接第一组永跳回路。而 220kV 甲、乙线断路器操作箱第一组跳闸回路与手跳回路通过二极管并联接通，当 220kV 备自投装置跳 220kV 甲、乙线第一组永跳回路时手跳继电器同时动作，输出手跳接点去闭锁 220kV 备自投。备自投装置受闭锁终止合 QF_{10} 断路器的动作逻辑。

由于该回路验收试验时现场不满足整组试验的条件，所以该缺陷未能在验收中发现。

6.4.4 存在问题

6.4.4.1 回路设计问题

某 220kV 变电站 220kV 备自投跳闸回路图纸设计存在问题，即 220kV 甲、乙线断路器操作箱第一组永跳回路与手跳回路并接，因此 220kV 备自投跳闸回路不应接入此回路。

6.4.4.2 220kV 备自投装置问题

（1）界面不友好。

1）开关量开入显示为序列显示，无中文显示。

2）当装置动作后，与事故报文对应的"当前数据记录"中开关量的显示为事故发生前 200ms 的状态，且不可翻页，事故调查人员误以为是事故发生时的开关量变位情况。备自投装置动作前 200ms 的状态是 220kV 甲线有跳位，220kV 乙线无跳位，跳开主供线路后手跳接点开入，备自投装置不显示开入信息，打印报告也没体现，因此故障分析人员误判为备自投收不到 220kV 乙线跳位而拒合母联断路器。误导了事故调查方案的设定，延长了事故调查的时间。

3）不能即时显示每个开关量的变位情况。

4）装置未能显示或打印闭锁备自投的原因。

（2）220kV 备自投装置动作过程受相关断路器手跳回路闭锁，不合理。

6.4.4.3 审图验收问题

（1）审图。由于设计图纸没有附带装置操作箱原理图，审图人员未能发现上述问题。

（2）由于 220kV 备自投装置单机试验逻辑正确，在各保护间隔接入备自投装置验收时间有限，且现场不具备整组试验条件，故该缺陷未能在验收中发现。

6.4.5 整改措施

经专家研究确定，将某 220kV 变电站 220kV 备自投跳 220kV 间隔回路均改接至第二组永跳回路。现 220kV 甲、乙线，220kV 旁路已整改，经整组试验正确，不存在跳闸后手跳闭锁备自投的现象。

6.5 逻辑错误导致 10kV 备自投均分负荷误动作

6.5.1 故障前运行方式

某 110kV 变电站，T_1 带 10kV Ⅰ 段母线运行，T_2 带 10kV Ⅱ甲、Ⅱ乙段母线运行，T_3 带 10kV Ⅲ 段母线运行，QF_5、QF_6 分段断路器在热备用状态。一次接线图见图 6-2。

6.5.2 故障概况

2014 年 7 月 6 日，110kV 乙线停电进行线路工程施工工作，集控运行人员按调度要求进行 110kV 乙线及 T_3 停电操作，将 10kV Ⅲ 段母线转由 T_2 供电，合上 QF_6 分段断路器将 T_2、T_3 合环后，7 时 0 分 19 秒 292 毫秒监控后台远程操作分开 QF_4 断路器，7 时 0

分 19 秒 454 毫秒 QF$_6$ 备自投均分负荷动作，7 时 0 分 19 秒 487 毫秒跳开 QF$_2$ 断路器，导致 10kV II 甲段母线失压，接着 QF$_5$ 备自投正确动作，合上 QF$_5$ 断路器，将 10kV II 甲段母线转由 T$_1$ 带。

6.5.3 检查情况

6.5.3.1 保护动作信息收集

（1）10kV QF$_6$ 备自投动作信息见表 6-3。

表 6-3   10kV QF$_6$ 备自投动作信息

时　间	动 作 信 息
2014 年 7 月 6 日 7 时 0 分 19 秒 312 毫秒	（QF$_6$ 备自投）保护启动
68ms	闭锁备自投 （分）
75ms	备自投闭锁告警 （返回）
135ms	出口 7 动作 （动作）
9140ms	出口 7 动作失败 （动作）
9140ms	出口 7 动作 （返回）
9150ms	出口 7 动作失败 （返回）

（2）10kV QF$_5$ 备自投动作信息见表 6-4。

表 6-4   10kV QF$_5$ 备自投动作信息表

时　间	动 作 信 息
2014 年 7 月 6 日 7 时 0 分 19 秒 587 毫秒	（QF$_5$ 备自投）保护启动
2990ms	出口 13 动作 （动作）
3050ms	出口 13 动作 （返回）
3175ms	出口 2 动作 （动作）
3222ms	开入 X2-7 （分）
3240ms	出口 2 动作 （返回）

6.5.3.2 保护定值、相关开入量、压板检查情况

（1）装置定值与定值单一致。

（2）装置开入与实际相符。

（3）装置压板投退正确。

6.5.3.3 二次回路检查情况

二次回路设计图纸与现场实际接线一致，没有发现异常情况。

6.5.4 事故原因综合分析

6.5.4.1 试验分析

1. 10kV 母线正常运行方式下，手跳变压器低压侧断路器试验

QF$_1$ 断路器合位、QF$_5$ 断路器模拟分位、QF$_2$ 断路器合位、QF$_3$ 断路器合位、QF$_6$

断路器模拟分位、QF$_4$断路器模拟合位，QF$_5$、QF$_6$备自投充电正常，试验手跳QF$_1$断路器、QF$_2$断路器、QF$_3$断路器、QF$_4$断路器，QF$_5$、QF$_6$备自投均正确不动作。

2. 10kV母线合环运行方式下，手跳变压器低压侧断路器试验

10kV Ⅰ段母线、Ⅱ甲段母线、Ⅱ乙段母线合环运行，QF$_1$断路器合位、QF$_5$断路器合位、QF$_2$断路器合位、QF$_3$断路器合位，QF$_5$备自投装置指示灯及后台显示放电状态，试验手跳QF$_1$断路器，QF$_5$备自投均分负荷动作跳QF$_3$出口，存虚放电现象，动作逻辑错误；10kV Ⅲ段母线、Ⅱ甲段母线、Ⅱ乙段母线合环运行，QF$_4$断路器模拟合位、QF$_6$断路器合位、QF$_2$断路器合位、QF$_3$断路器合位，QF$_6$备自投装置指示灯及后台显示充电状态（应该显示放电才正确），试验手跳QF$_4$断路器，QF$_6$备自投均分负荷动作跳QF$_2$出口，充电状态显示和动作逻辑错误。

6.5.4.2 备自投逻辑校验

2014年7月7日会同厂家进行了该站10kV QF$_5$、QF$_6$备自投的逻辑校验。试验项目主要有以下内容：

（1）模拟事故前状态，重现事故动作逻辑。QF$_1$断路器、QF$_2$断路器、QF$_3$断路器、QF$_4$断路器在合位，QF$_5$断路器、QF$_6$断路器在分位，QF$_5$、QF$_6$备自投充电正常。解开QF$_6$备自投中分段断路器QF$_6$分位，即QF$_6$开入位置为合位，此时装置不告警、不放电，先给手跳QF$_4$断路器闭锁信号开入，装置运行灯闪烁（闪烁代表未充电），再给QF$_4$断路器分位开入，备自投直跳QF$_2$断路器。注意此时电压正常、未消失，电流大于无流定值。

（2）重新实现QF$_5$、QF$_6$备自投充电正常。解开QF$_6$备自投中分段断路器QF$_6$分位，即QF$_6$开入位置为合位，此时装置不告警、不放电，拧QF$_6$备自投投退把手至退出装置运行灯闪烁（闪烁代表未充电），再给QF$_4$断路器分位开入，备自投直跳QF$_2$断路器。

（3）重新实现QF$_5$、QF$_6$备自投充电正常，解开QF$_6$备自投中分段断路器QF$_6$分位，即QF$_6$开入位置为合位，此时装置不告警、不放电，直接给QF$_4$断路器分位开入，备自投直跳QF$_2$断路器。

（4）重新实现QF$_6$备自投充电正常。分别单独给QF$_4$断路器分位、QF$_3$断路器分位、QF$_6$断路器合位，在备自投充好电的情况下，出现断路器位置不符合充电条件时，备自投不告警、不放电。

（5）重新实现QF$_6$备自投充电正常，断开10kV Ⅲ段母线，装置发TV断线告警，此时装置不放电，当满足无压、无流条件时，备自投动作。重新实现QF$_6$备自投充电正常，同时断开10kV Ⅱ乙段、Ⅲ段母线，经过60s备自投放电。

（6）模拟备自投未充电情况下，出现无压、无流时，备自投不会动作。

（7）模拟备自投正常充电情况下，无分段断路器合位开入时，分别开入手跳变压器低压侧断路器闭锁信号，备自投放电。

（8）模拟备自投正常充电情况下，无分段断路器合位开入时，分别试验各段失压无流情况，备自投正确动作，均分负荷功能也正确，但均分负荷时没有判别对侧电压或充电

情况。

试验（1）～（3）证明 QF_6 备自投当出现分段断路器 QF_6 合位后，针对均分负荷功能的逻辑出现错误，一旦判别到 QF_4 断路器分位即直跳 QF_2 断路器。

试验（4）、（5）证明备自投在充好电的情况下再出现如断路器位置不符合充电条件时，备自投不告警、不放电，且 TV 三相断线告警、不放电。须两段母线同时断线并经过 60s 后才放电。

试验（6）～（8）证明备自投在充电情况下，无分段断路器合位开入时，各项逻辑正确，但均分负荷时没有考虑对侧电压或充电情况。

6.5.4.3 结论

（1）备自投正常充电，母联断路器合位后，均分逻辑功能有问题，即无论手跳放电后或把手放电，备自投仅显示放电，但实际未放电，此时一旦判别到 QF_4 断路器分位就马上直跳 QF_2 断路器，无需判别电流、电压等条件。

（2）均分逻辑功能没有考虑对侧电压或充电情况而直接动作。

（3）单母三相 TV 断线保护告警不放电，双母三相 TV 断线后经 60s 备自投才放电。

（4）QF_3 断路器位置未接入 QF_5 备自投，QF_2 断路器位置未接入 QF_6 备自投，导致均分负荷后由于判别不到相应断路器位置报文永远出口失败。

（5）充电完成后在进线开关有流或无流的情况下，任一充电条件消失，备自投不告警、不放电。

（6）后备保护闭锁及手跳信号闭锁并接至外部闭锁开入的同一个接点。

试验分析及备自投校验表明，该站 10kV 备自投误动原因是由备自投逻辑错误引起，当充好电后有分段断路器合位开入时涉及均分负荷功能的逻辑错误。一检测到 QF_4 断路器分位就马上直跳 QF_2 断路器，无需判别电流、电压等条件。此外在分段断路器分别运行情况下均分逻辑功能没有考虑对侧电压或充电情况而直接动作，且充电完成后无论进线开关有流或无流，任一充电条件消失，备自投不告警、不放电。

6.6 馈线接地导致备自投误动

6.6.1 故障前运行方式

某 110kV 变电站，T_1、T_2、T_3 分列运行；110kV 甲线挂 T_1、110kV 乙线挂 T_2、110kV 丙线挂 T_3；10kV 分段断路器 QF_5、QF_6 在热备用状态。10kV F_1 馈线 QF_{10} 断路器挂 10kV Ⅰ 段母线运行、F_2 馈线 QF_{11} 断路器挂 10kV Ⅱ乙段母线运行、F_3 馈线 QF_{12} 断路器挂 10kV Ⅲ 段母线运行，F_4 馈线 QF_{13} 断路器挂 10kV Ⅲ 段母线运行。一次接线图见图 6-5。

6.6.2 故障现象以及各相关保护动作情况

某 110kV 变电站相关报文见表 6-5。

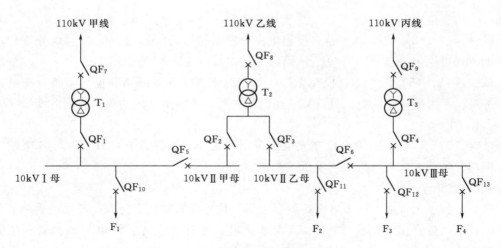

图 6-5 一次接线图

表 6-5　　　　　　　　　　　　某 110kV 变电站相关报文

时　间	报　文　信　息
3 时 17 分 10 秒 800 毫秒	10kV Ⅲ 段母线接地保护发出告警〔消弧系统启动，电容电流 29.3A，补偿电流 29.3A（一次值）〕
3 时 17 分 11 秒 615 毫秒	接地故障告警
3 时 17 分 20 秒 396 毫秒	10kV F₄ 馈线 QF₁₃ 断路器分位（消弧选线装置启动 10s 后动作跳开 QF₁₃ 断路器，电容电流 29.3A，补偿电流 29.3A）
3 时 17 分 20 秒 606 毫秒	接地故障复归（故障切除后，接地信号复归）
4 时 51 分 3 秒 527 毫秒	10kV F₄ 馈线 QF₁₃ 断路器合位（经集控遥合，转运行状态）
4 时 51 分 8 秒 700 毫秒	10kV Ⅲ 段母线接地告警（消弧系统启动，电容电流 49.3A，补偿电流 51.3A，故障较第一次有所加重）
4 时 51 分 9 秒 525 毫秒	QF₁₂ 接地故障告警
4 时 51 分 9 秒 330 毫秒	+15　QF₆ 备自投启动 +2816 序列 3 出口（跳 QF₄ 断路器） +3019 序列 4 出口（合 QF₆ 断路器） +3221 序列 5 出口（跳 QF₂ 甲断路器）
4 时 51 分 11 秒 731 毫秒	T₃ QF₄ 断路器分位（QF₆ 备自投动作后 2.8s 切开 QF₄ 断路器）
4 时 51 分 12 秒 23 毫秒	10kV Ⅱ 甲段母线接地告警
4 时 51 分 12 秒 27 毫秒	10kV Ⅱ 乙段母线接地告警
4 时 51 分 12 秒 331 毫秒	10kV 母联断路器 QF₆ 合（QF₆ 备自投切开 QF₄，0.2s 后合 QF₆ 断路器）
4 时 51 分 12 秒 203 毫秒	10kV 电厂线 QF₁₁ 断路器分（QF₁₂ 断路器运行，合 QF₆ 断路器联跳 QF₁₁ 断路器）
4 时 51 分 13 秒 520 毫秒	接地故障复归（F₄ 绝缘恢复）
4 时 51 分 13 秒 794 毫秒	10kV Ⅱ 乙段母线接地复归（F₄ 绝缘恢复）

— 184 —

时 间	报 文 信 息
4 时 51 分 13 秒 797 毫秒	10kV Ⅱ甲段母线接地复归（F₄ 绝缘恢复）
4 时 51 分 13 秒 826 毫秒	10kV Ⅲ段母线接地复归（F₄ 绝缘恢复）
4 时 51 分 13 秒 827 毫秒	＋15QF₅ 备自投启动 ＋2818 序列 1 出口（跳 QF₂ 甲断路器） ＋3020 序列 2 出口（合 QF₅ 断路器）
4 时 51 分 13 秒 957 毫秒	10kV QF₂ 甲断路器分位（QF₆ 备自投动均分负荷切开 QF₂ 甲断路器）
4 时 51 分 17 秒 646 毫秒	10kV QF₅ 断路器合位（QF₅ 备自投判Ⅱ甲母失压无流动作合上 QF₅ 断路器）
4 时 56 分 14 秒 843 毫秒	10kV Ⅱ乙段母线接地告警（F₄ A 相避雷器绝缘再次击穿）
4 时 56 分 14 秒 846 毫秒	10kV Ⅲ段母线接地告警（F₄ A 相避雷器绝缘再次击穿）
4 时 56 分 15 秒 980 毫秒	接地故障告警（消弧系统启动，电容电流 59.5A，补偿电流 60.1A，故障进一步加重）
4 时 56 分 24 秒 374 毫秒	10kV F₄ 馈线 QF₁₃ 断路器分位（消弧选线装置启动 10s 后动作跳开 QF₁₃ 断路器，电容电流 59.5A，补偿电流 60.1A）
4 时 56 分 24 秒 533 毫秒	10kV Ⅱ乙段母线接地复归（故障切除后，接地信号复归）
4 时 56 分 24 秒 537 毫秒	10kV Ⅲ段母线接地复归（故障切除后，接地信号复归）
4 时 56 分 24 秒 671 毫秒	接地故障复归（故障切除后，接地信号复归）

6.6.3 保护动作行为初步判定

根据 10kV F₄ 馈线巡查结果，结合某 110kV 变电站保护装置及监控后台相关报文，忽略后台机报文时间误差，本次线路故障及保护动作流程判定如下：

2008 年 3 月 26 日 3 时 17 分 10 秒，10kV F₄ 馈线线路 A 相避雷器绝缘击穿，发生 A 相接地故障；经消弧系统补偿接地电流 10s 后，3 时 17 分 20 秒，10kV F₄ 馈线 QF₁₃ 断路器经消弧选线跳闸。

经值班员现场确认设备正常，线路巡查暂无发现问题，4 时 51 分 3 秒，集控对 10kV F₄ 馈线 QF₁₃ 断路器遥合试送电。但因 F₄ 馈线线路 A 相避雷器绝缘水平不稳定，接地故障依然存在，某 110kV 变电站消弧系统再次开始补偿。10kV Ⅲ段 A 相二次电压下降至低于 QF₆ 备自投无压定值 17V，且经集控确认，当时 QF₄ 断路器（TA 变比 3000/1）负荷电流只有 59A 左右（折算二次电流仅 0.02A），低于 QF₆ 备自投无流定值 0.04A，故使 QF₆ 备自投判Ⅲ段母线失压且无流，于 4 时 51 分 9 秒启动，并经 2.8s 延时动作，跳开 QF₄ 断路器、合上 QF₆ 断路器，并由均分负荷功能跳开 QF₂ 甲断路器。因为电厂线 F₃ QF₁₂ 断路器、F₂ QF₁₁ 断路器存在禁止经 QF₆ 断路器并环运行的设计，所以 QF₆ 断路器合闸的同时联跳 F₂ QF₁₁ 断路器。4 时 51 分 13 秒，F₄ 馈线线路 A 相避雷器绝缘水平瞬间有所恢复，母线接地告警消除，消弧系统停止补偿及选线。

同时，QF₅ 备自投监测 10kV Ⅱ乙段失压及 QF₂ 断路器无流而启动，延时动作合上

QF$_5$断路器。5min后，即4时56分14秒，F$_4$馈线线路A相避雷器绝缘再次击穿，A相接地故障再次出现，经消弧系统补偿接地电流10s后，10kV QF$_{13}$断路器于4时56分24秒经选线出口再次跳闸，接地故障消除，各段母线接地信号也随之复归。

整个过程中，因10kV F$_4$馈线负荷电流偏小，故障时受消弧系统补偿，故障电流未达到线路保护装置过流动作值（一次540A），因而线路保护装置正确不动作。同理，T$_3$低压侧后备保护也无动作。

该站10kV系统为经消弧线圈接地方式，在10kV F$_4$馈线A相发生绝缘水平降低时，消弧系统对F$_4$馈线A相故障进行补偿，故系统整体零序电流并不大。同时经过T$_3$的高阻抗影响，10kV单相接地的故障对110kV侧的电压、电流影响不大。故某220kV变电站110kV录波系统并没有对110kV丙线、乙线进行录波。而从110kV甲线的录波文件可见该线路电流只受到轻微的扰动（非故障电流，系统电压无变化），可判断为某110kV变电站备自投动作时的冲击，情况正常（某220kV变电站110kV线路录波装置接线正确，装置正常）。

6.6.4 结论

消弧选线装置正确动作2次，正确启动消弧系统3次；10kV QF$_6$、QF$_5$备自投动作正确；10kV F$_4$馈线QF$_{13}$断路器保护装置可靠不动作2次；T$_3$高压侧、低压侧后备可靠不动作2次。

6.6.5 防范措施

（1）结合该站实际运行负荷情况，请调度部门重新考虑备自投无流定值的整定。

（2）建议备自投装置电压通道改为三相通道，并升级。

（3）该站保护装置自带录波功能，而装置串口并不支持打印机输出打印，建议联合厂家在该站后台监控系统增加继保工程师站功能，实现保护装置定值、录波文件等数据的调用，以便变电站10kV系统故障时电压、电流变化量的采集及分析。

6.7 二次回路异常导致备自投装置误动作

6.7.1 故障前运行方式

T$_1$带10kV Ⅰ段母线运行，T$_2$带10kV Ⅱ甲段母线和Ⅱ乙段母线运行，T$_3$带10kV Ⅲ段母线运行，10kV分段断路器QF$_5$、QF$_6$在热备用状态。10kV C$_1$挂10kV Ⅱ乙段母线运行。一次接线图见图6-6。

6.7.2 故障设备情况

故障设备信息见表6-6。

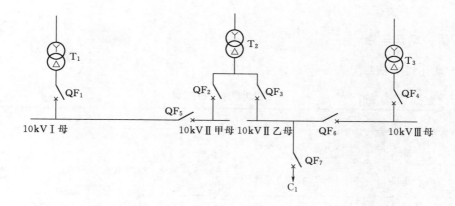

图 6 - 6　一次接线图

表 6 - 6　　　　　　　　　　　　　故 障 设 备 信 息

变电站或线路名称	某 110kV 变电站	设备名称	C_1 QF_7 断路器
设备安装位置	C_1 QF_7 断路器内	故障设备电流	1250A
投产日期	1998 年 6 月 17 日	出厂日期	1994 年 10 月 1 日

在 2009 年 9 月 13 日的预防性试验中，C_1 QF_7 断路器的绝缘电阻、交流耐压、回路电阻试验合格，C_1 的电容器、避雷器、放电线圈试验合格。

6.7.3　故障概况

2011 年 5 月 7 日 7 时 39 分 57 秒 900 毫秒，某 110kV 变电站合 10kV C_1 QF_7 断路器时，QF_7 断路器 A、B、C 三相限时电流速断保护动作，跳开 QF_7 断路器。

2011 年 5 月 7 日 7 时 39 分 58 秒 195 毫秒，某 110kV 变电站 T_2 QF_3 低后备 AC 相Ⅳ段复压闭锁过流保护动作、母线速断保护动作，跳开 QF_3 断路器。

2011 年 5 月 7 日 7 时 40 分 1 秒 592 毫秒，某 110kV 变电站 10kV QF_6 备自投动作，合上 QF_6 断路器。

2011 年 5 月 7 日 7 时 40 分 2 秒 135 毫秒，某 110kV 变电站 T_3 QF_4 低后备 ABC 相Ⅳ段复压闭锁过流保护动作、母线速断保护动作，跳开 QF_4 断路器。

6.7.4　相关保护定值整定情况

保护定值整定情况见表 6 - 7。

表 6 - 7　　　　　　　　　　　　保护定值整定情况表

序号	间　隔	TA 变比	定　值　整　定
1	T_2、T_3 低压侧后备保护	3000/5	Ⅳ段复压闭锁过流保护 $I=5.8A$，$T=0.5s$；母线速断保护 $I=16.5A$，$T=0.5s$
2	QF_6 备自投		切工作进线时限 $T=3s$，切电源后合备用电源时限 $T=0.2s$
3	C_1 QF_7 断路器保护	300/5	限时电流速断保护 $I=16A$，$T=0.2s$

6.7.5 保护动作信息

保护动作报文信息见表 6-8。

表 6-8 保护动作报文信息

间 隔	时 间	报 文
C_1	7时11分57秒900毫秒	A、B、C相故障，故障电流为112.95A，限时电流速断保护动作
T_2 低压侧 QF_3 断路器	7时11分58秒195毫秒	C、A相故障，故障电流为35.19A，Ⅳ段复压闭锁过流保护动作
T_2 低压侧 QF_3 断路器	7时11分58秒197毫秒	C、A相故障，故障电流为35.19A，母线保护动作
QF_6 备自投	7时12分1秒592毫秒	备自投动作
T_3 低压侧 QF_4	7时12分2秒135毫秒	A、B、C相故障，故障电流为42.19A，Ⅳ段复压闭锁过流保护动作
T_3 低压侧 QF_4	7时12分2秒140毫秒	A、B、C相故障，故障电流为42.19A，母线保护动作

注 保护信息的时间比实际时间慢 28min 左右。

6.7.6 现场检查情况分析

6.7.6.1 一次设备检查情况

某 110kV 变电站 10kV C_1 QF_7 开关柜为常规开关柜，于 1998 年 6 月投运。

对故障现场进行检查和分析有以下发现：

（1）三相真空泡外壁都有不同程度的损坏，其中 A、C 相爆裂，B 相有裂纹，见图 6-7。

（2）三相真空泡上支架接线掌处都有明显的烧伤痕迹，下支架完好，见图 6-8。由此可见，短路时断路器已跳闸，短路点在真空泡上支架连线处，所以只烧伤了上接线掌。

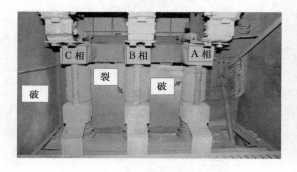

图 6-7 三相真空泡外壁

图 6-8 三相真空泡接线掌

（3）解体真空泡的外壁进行内部检查，发现 C 相内部的触头、真空泡屏蔽罩烧伤严重，而 A、B 相内部完好。由此可知，C 相灭弧室是电弧从里面烧伤的，A、B 相则是从外部烧伤的。

（4）断路器机构指示断路器在分量开距点（图 6-9）、敲碎真空泡观察触头位置（图 6-10）也证实断路器在分位，由此可知，断路器跳闸成功。

真空泡提杆凸起,表明断路器在分闸位置

图 6-9 断路器在分闸位置

触头

图 6-10 C 相真空泡内部

(5) 检查电容器组,发现 B 相熔断器熔断。

6.7.6.2 二次设备及回路检查情况

(1) QF_3 后备保护闭锁 QF_6 备自投回路已经投入运行,但是在 T_2 保护屏短接闭锁备自投接点,QF_6 备自投没有闭锁开入。检查发现该闭锁回路在备自投装置处的负电接线有接触不良现象,该端子为线径大小不同的两根线并接在一起。解开这两根线,重新接入。在 T_2 保护屏处短接闭锁 QF_6 备自投接点,QF_6 备自投有闭锁开入。

(2) 根据某 220kV 变电站打印的录波报告,结合现场分析,C_1 QF_7 断路器 C 相真空泡本体重燃不能息弧,引起 C 相真空泡绝缘击穿,并发展为三相短路。C_1 的电容电流流经 TA 至短路点,故 0.2s 由电容器保护跳开 QF_7 断路器;T_2 QF_3 后备保护判断为 Ⅱ 段母线故障,0.5s 由 QF_3 后备保护跳开 QF_3 断路器。由于 QF_3 后备保护动作时闭锁 QF_6 备自投的闭锁信号无法正常发送到 QF_6 备自投装置,故 QF_6 备自投仍然动作,3.2s 后合上 QF_6 断路器。但由于故障点仍然存在,T_3 QF_4 后备保护在 0.5s 后跳开 QF_4 断路器。

6.7.7 故障跳闸情况分析

6.7.7.1 一次方面

电容器组在送电时,因保险丝熔断产生差流,断路器立即跳闸。在分闸的过程中,C 相真空泡因未能熄灭电弧(从内部严重烧伤可知),导致真空泡灭弧室爆炸,弧光短路发展为上支架处三相短路。由故障录波可知,当时短路电流为 24kA,巨大的短路电流导致上支架接线掌灼伤,短路弧光同时灼坏 A、B 相真空泡,但未能破坏其内部结构。

根据保护动作和断路器的解体检查情况,本次故障是从 C 相真空泡未能有效灭弧开始的,且根据断路器在分位,可以判断真空泡是在跳闸中未能熄灭电弧。造成灭弧失败的可能原因有:①真空度下降;②分闸时触头反弹幅值过大。另外,电容器流过的是容性电流,根据灭弧的特性,真空断路器熄灭容性电流比感性电流困难得多,容易引起重燃过电压击穿真空泡。

6.7.7.2 二次方面

经综合分析,本次跳闸故障是由于 C_1 QF_7 断路器故障,引起 T_2 后备保护动作,装置正确动作。由于 $T_2 QF_3$ 后备保护闭锁 QF_6 备自投回路异常，导致 QF_6 备自投误动作，使停电范围扩大。

6.7.7.3 分析结论

通过以上设备分析及试验结果分析，故障的主要原因是真空泡未能熄弧导致爆炸，并引起三相短路，属设备质量问题。

6.7.8 故障预控措施

本断路器 1998 年 6 月投运，已运行 13 年，其间未进行过技改或更新，设备老化严重。电容器断路器是 10kV 同类设备中投退最频繁的设备，因此对断路器的考验是最严峻的，且真空泡熄灭电容器的容性电流比感性电流困难得多，因此，长年严酷运行，性能下降而没有及时发现，是造成这次事故的原因。为避免同类事故发生，采取以下预防措施：

（1）对电容器断路器目前的运行状况进行综合评估，尤其是投产超过一定年限的。真空断路器正常操作的机械寿命、电气寿命都为 10000 次，此电容器断路器运行 13 年，以每天操作 2 次计算，分合次数已达 $2 \times 365 \times 13 = 9490$ 次，接近了规定次数。另外，目前有多个记数器已经损坏，需要进行调查和处理，以获得准确数据，为设备评估作参考。在评估方面，可按表 6-9 进行调查评估。

表 6-9　　　　　　　　　　　调 查 项 目 表

序号	调查内容	对　　策
1	操作次数超过 10000 次	运行时尽量少操作或不操作，停电后再安排更换断路器
2	运行超过 10 年，操作次数小于 10000 次	结合停电进行维护，主要增加真空度测试、分闸弹跳测试
3	操作计数器已经损坏的电容器断路器	更换计数器，并根据相邻电容器断路器近似估计其操作次数

（2）电容器断路器做机械特性测试时要重点包括分闸反弹项目。目前，机械特性弹跳项目中只有合闸弹跳时间，没有分闸反弹幅值。根据相关技术规范的规定，"真空断路器机械特性试验包括分、合闸时间，合闸弹跳时间，分闸反弹幅值测试。"按照规定，分闸反弹幅值应不超过触头开距的 30%，如果反弹过大并超过此幅度，就会造成灭弧失败或电弧重燃。针对目前的情况，可以在母线停电维护时，对电容器断路器进行专项的分闸弹跳测试，如果普遍存在问题，则应该扩展到其他的线路断路器。另外，在新投产的交接试验里，也应该重点检查此项目。

（3）检查缓冲器的运行状况。缓冲器的作用是吸收断路器分闸时过剩的能量。由于运行的时间过长，且缺乏维护，部分缓冲器已经失效，导致断路器分闸时与分闸拐臂硬性碰撞，造成触头反弹。在打开机构盖板进行维护时，应该关注缓冲器是否失效。

（4）在机械特性试验时测量触头磨损量。电容器断路器熄灭容性电流、触头烧损严重、断路器在合闸状态时触头发热均会造成触头磨损。

（5）测量回路电阻值，主要是检测动静触头的接触情况。